ENCYCLOPÉDIE A.L. GUYOT

H. de GRAFFIGNY

LE MÉCANICIEN AMATEUR

Notions élémentaires de mécanique
Constructions mécaniques en carton
et en métal. — Automates.

70 figures explicatives

PARIS
20, Rue des Petits-Champs

Algérie, Colonies et Étranger : 35 tot.

(Port en plus)

823

LE MÉCANICIEN AMATEUR

LE MÉCANICIEN

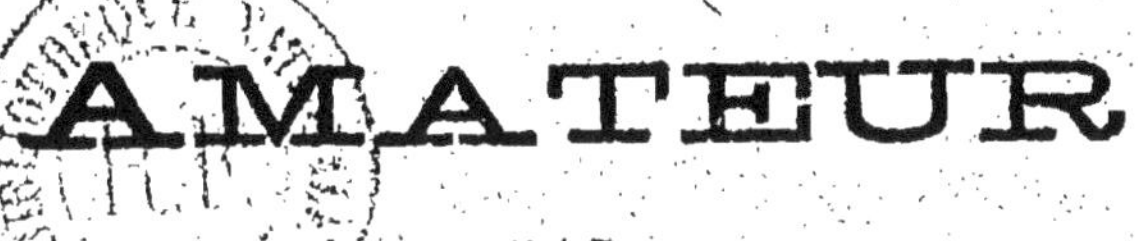

AMATEUR

PAR

H. de GRAFFIGNY

Notions élémentaires de mécanique
Constructions mécaniques en carton
et en métal. — Automates.

---

70 figures explicatives

PARIS

Collection A.-L. GUYOT

20, Rue des Petits-Champs, 20

LE MÉCANICIEN AMATEUR

CHAPITRE PREMIER

NOTIONS ÉLÉMENTAIRES DE MÉCANIQUE

La mécanique a pour objet l'étude du mouvement et des causes du mouvement. On appelle *forces* toutes les causes de mouvement, quelles qu'en soient la nature et l'origine.

Le mouvement et les forces sont des phénomènes physiques; c'est donc dans la nature qu'il faut chercher les lois fondamentales de la mécanique; c'est par l'observation, et non par le seul raisonnement, qu'on a pu les découvrir et les formuler. Mais, ces principes une fois posés, toute la science s'en déduit par l'application de la méthode géométrique. C'est donc à juste titre que l'on considère la mécanique comme une branche des sciences mathématiques; on lui donne le nom de *mécanique ration-*

nelle pour la distinguer de la *mécanique céleste* et de la *mécanique appliquée*, ou *mécanique industrielle*, qui sont des applications de la science pure, soit au mouvement des astres, soit au fonctionnement des machines. C'est même de cette dernière application que l'on a tiré le nom de la science tout entière.

La mécanique rationnelle, dont nous devons dire quelques mots pour mettre le lecteur à même de comprendre sans peine ce qui va suivre, se subdivise ordinairement en deux parties. Dans l'une, appelée *cinématique*, on étudie tout d'abord le mouvement en soi, à un point de vue purement géométrique et abstrait, sans se préoccuper en rien des forces qui le produisent. La cinématique est donc, en quelque sorte, une géométrie du mouvement, qui joint à l'idée *d'espace*, seule base de la géométrie, l'idée de *temps*, corrélative de la notion de mouvement. L'autre partie de la mécanique rationnelle comprend l'étude des forces, que l'on considère successivement à l'état d'équilibre (statique), puis à l'état d'action (dynamique), exactement comme pour l'électricité.

Donnons d'abord l'explication des principaux termes dont l'emploi est constant.

Vitesse. — La notion de mouvement, qui

implique celle d'espace et de temps, s'acquiert par la vue d'un objet quelconque qui se déplace, par exemple un corps pesant qui tombe, un véhicule qui avance, une bille qui roule sur le sol, etc. On acquiert en même temps la notion de vitesse, qui peut être plus ou moins grande, être constante ou variable. Tel un train de chemin de fer qui démarre lentement, puis roule de plus en plus rapidement sur les rails, puis ralentit graduellement pour revenir à l'immobilité complète.

Point matériel. — Une seule propriété des corps intervient dans l'étude de leur mouvement : c'est l'inertie, car on peut, par la pensée, supprimer toutes les autres, même l'étendue. On ne considère donc, en mécanique rationnelle, que des mobiles sans étendue, c'est-à-dire réduits aux dimensions d'un point géométrique, n'ayant d'autres propriétés que d'être inertes, c'est-à-dire de résister au mouvement à des degrés divers, caractérisés par leurs masses : c'est ce que l'on appelle des *points matériels.* On considère ensuite un corps quelconque comme un système de points matériels.

Trajectoire. — Le lieu des points géométriques qu'un mobile en mouvement occupe successivement dans l'espace, s'appelle la *trajectoire.* Le mobile étant un point géométrique, sa trajectoire est une ligne géométrique. Suivant que cette ligne est droite ou courbe, on dit que le mouvement est *rectiligne* ou *curviligne*.

Le mouvement est dit *uniforme* lorsque le corps considéré parcourt des espaces égaux pendant des temps égaux, quelques petits que soient ces temps. Le mot espace prend ici le sens restreint de chemin parcouru sur la trajectoire. Ce mouvement, qui est le plus simple que l'on puisse imaginer, est le plus difficile à réaliser dans la pratique; c'est aussi le plus rare dans la nature.

On mesure la vitesse par l'espace parcouru pendant l'unité de temps. Si l'on prend le mètre comme unité de longueur et la seconde pour unité de temps, la vitesse s'exprime en mètres par seconde. C'est ainsi que l'on dira que la vitesse du mouvement curviligne uniforme de la Terre sur son axe est de 463 mètres par seconde. Il résulte de cette définition que, dans le mouvement uniforme, la vitesse est constante. Par suite, l'espace parcouru par le mobile au bout de 2, 3, 4 secondes, etc., sera égal à 2, 3, 4 fois, etc., la vitesse; d'où ces lois du mouvement uniforme : 1° Loi des vitesses : la vitesse est constante; 2° Loi des espaces : les espaces parcourus sont proportionnels aux temps employés à les parcourir.

Mouvement varié. — Le mouvement *varié* est celui dans lequel le mobile parcourt en des temps égaux des espaces inégaux. Le mouvement varié peut, comme le précédent, s'opérer suivant une ligne droite ou courbe, et être rectiligne ou curviligne.

Un semblable mouvement peut être varié d'une infinité de manières différentes; il est défini dans chaque cas par la trajectoire du mobile et par l'équation des espaces.

Le plus simple des mouvements variés, et en même temps le plus intéressant dans la pratique, est le mouvement rectiligne uniformément varié, qui peut être défini comme un mouvement dont la vitesse croît ou décroît de quantités égales dans des temps égaux, quelques petits qu'ils soient. Dans le premier cas, le mouvement est uniformément accéléré, comme c'est le cas pour un corps qui tombe, abstraction faite de la résistance de l'air. Dans le second, il est uniformément retardé; tel est le mouvement d'une pierre lancée verticalement de bas en haut. La quantité positive ou négative dont la vitesse varie dans l'unité de temps s'appelle *accélération.*

Mouvement relatif. — Nous avons supposé jusqu'à présent que le mobile considéré se déplaçait par rapport à un point fixe, l'origine des espaces, sur une trajectoire droite ou courbe, dont tous les points étaient également fixes, mais c'est là le cas du mouvement dit *absolu*, cas idéal, introuvable dans la nature, et irréalisable dans la pratique. Dans la réalité, le cas le plus ordinaire est celui où les points de repère, ainsi que tous les points de la trajectoire du mobile, sont emportés eux-mêmes d'un mouvement commun quelconque, dit mouvement d'entraînement. Le mouvement que le mobile possède alors dans son propre système est un mouvement *relatif*. Tels sont tous les mouvements que nous observons autour de nous, la Terre qui nous emporte étant en mouvement, ou, par une comparaison plus simple, tel est le mouvement des billes d'un billard installé à bord d'un paquebot, et qui se meuvent pendant que le bateau avance sur l'océan.

On confond souvent les expressions mouvement *relatif* et mouvement *apparent* qui ne sont cependant pas identiques. Le mouvement apparent du mobile peut être, suivant la situation de l'observateur qui le considère, soit son mouvement relatif dans un système particulier, soit son mouvement absolu dans le système total. C'est ce que l'on exprime par l'énoncé suivant, dit problème de la composition des mouvements :

« Un mobile M est animé d'un mouvement relatif dans le système A; système qui est animé lui-même d'un mouvement d'entraînement dans le système B. On peut donc considérer le mouvement de M dans B comme un mouvement composé ou résultants des deux autres mouvements, lesquels sont en eux-mêmes des mouvements *composants*. »

Ce problème a pour complément un problème inverse, celui de la décomposition des mouvements. Dans le cas le plus ordinaire, le mouvement d'entraînement est un mouvement de *translation*, caractérisé par ce fait que tous les points du mobile considéré décrivent dans le même temps des droites égales et parallèles. On peut résumer ces données dans cet énoncé :

« Lorsqu'un mobile faisant partie d'un système matériel se meut par rapport aux points de ce système, son déplacement est le même, que le système soit en repos ou qu'il soit lui-même animé d'un mouvement de translation. »

Ainsi donc, lorsque le système est en repos, le mobile a un mouvement absolu; lorsque le système est lui-même en mouvement, le mobile a un mouvement *relatif*. C'est là un des principes fondamentaux de la mécanique, découverts par l'observation, dans quelques cas particuliers et généralisés par l'induction et la théorie.

Les forces

On donne, en mécanique, le nom de *force* à toute cause capable de produire un mouvement ou de modifier un mouvement déjà existant. Dans une force, il y a lieu de considérer son *point d'application*, sa *direction* et son *intensité*. Le point d'application est le point où la force est directement appliquée ; la direction est celle dans laquelle la force, agissant seule, entraînerait le mobile ; l'intensité est l'action plus ou moins grande avec laquelle la force agit. On dit que deux forces possèdent des intensités égales quand, appliquées en un même point, dans des directions opposées, elles se détruisent l'une l'autre. D'autre part, on dit qu'une force F, a comme intensité la somme des intensités de deux autres forces F' et F", lorsqu'en faisant agir la force F sur un point matériel, puis, en sens contraire, F' + F", les forces se détruisent. Cela posé, on choisit arbitrairement une unité d'intensité, et une force d'intensité que l'on peut appeler p se trouve ainsi défini.

On peut représenter les divers éléments constituant une force, comme on représente en cinématique les vitesses et les accélérations. On mène par son point d'application, dans le sens de sa direction, une ligne droite indéfinie; puis, sur cette ligne, à partir du point d'application, dans le sens où agit la force, on porte une unité de longueur arbitraire, le centimètre par exemple, autant de fois que la force donnée contient l'unité de force. On a ainsi une ligne droite qui représente complètement la force. Pour distinguer les forces entre elles, on les désigne par des lettres différentes qu'on place sur leurs directions respectives, à l'extrémité de la longueur qui en représente l'intensité. Etant donné ces notions fondamentales et les principes d'observation qu'elles comportent, la statique procède géométriquement comme la statique et arrive, de déductions en déductions, à l'établissement des conditions d'équilibre d'un système de forces quelconques appliquées à un système de points matériels.

Le problème de la composition des forces consiste à trouver la résultante d'un système de forces quelconque. Le problème inverse de la décomposition des forces consiste à trouver un système de forces qui produise le même effet qu'une force unique donnée. On suppose toujours ces forces appliquées, soit à un point matériel unique, soit à un système de points matériels séparés par des intervalles invariables et constituant des corps solides absolument rigides, c'est-à-dire incompressibles et indéformables. Les forces sont *concourantes* ou *parallèles*. On appelle forces concourantes celles dont les directions se rencontrent en un même point où on les peut supposer toutes appliquées. Par exemple lorsque plusieurs hommes, pour sonner une cloche, tirent des cordeaux fixés à un même nœud sur la corde de cette cloche, les efforts de ces hommes constituent des forces concourantes. On peut donc déduire dès à présent les deux principes suivants, pour la recherche de la résultante :

1° Deux forces égales et contraires appliquées à deux points liés par une droite rigide de longueur invariable et agissant dans la direction de cette droite, se font équilibre. 2° Une force F étant appliquée à un point A, on peut l'appliquer à tout autre point B de sa direction, pourvu que ce nouveau point d'application soit lié invariablement au premier. On peut donc conclure de ces théorèmes que la résultante de deux forces concourantes est représentée, en direction et en grandeur, par la diagonale du parallélogramme construit sur ces forces.

D'autre part, s'il s'agit de forces parallèles, on verra que, lorsque deux forces parallèles sont appliquées à un même point, elles ont une résultante, égale à leur somme si elles sont de même sens, et à leur différence si elles sont de sens contraire. Par exemple, si deux hommes tirent un fardeau par le même point et suivant des directions parallèles, avec des efforts respectifs de 15 et de 20 kilogrammes, l'effort résultant est de 35 kilogrammes, ou de 5 kilogrammes, suivant qu'ils tirent dans le même sens ou en sens opposé.

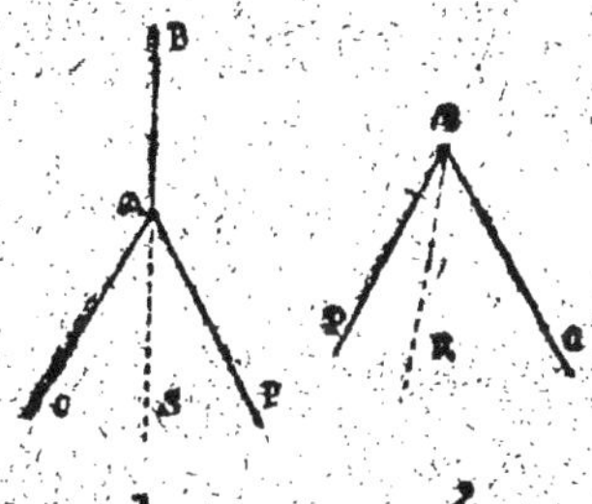

Fig. 1

Forces concourantes

Fig. 2

Equilibre des forces

Lorsque les forces parallèles sont appliquées, non pas au même point d'un solide rigide, mais suivant la même direction, la

règle de composition est la même, parce
qu'on peut transporter fictivement les
points d'application réels de ces forces en
un même point quelconque de leur direction sur le corps rigide. Leur résultante est
égale à leur somme, leur est parallèle et
partage la droite établie comme plus haut;
en deux segments inversement proportionnels aux intensités des forces.

Equilibre des forces. — Lorsqu'on applique les règles qui viennent d'être énoncées
pour composer un système de forces concourantes en un point matériel et que le
polygone des forces se trouve fermé, il en
résulte que le côté qui représente la résultante se réduit à zéro et devient par conséquent nulle. On dit alors que le point matériel est en équilibre sous l'influence du système des forces concourantes. Dans ce cas,
il faut, et il suffit d'ailleurs, que la somme
des projections des forces sur trois axes
rectangulaires soit nulle pour chacun des

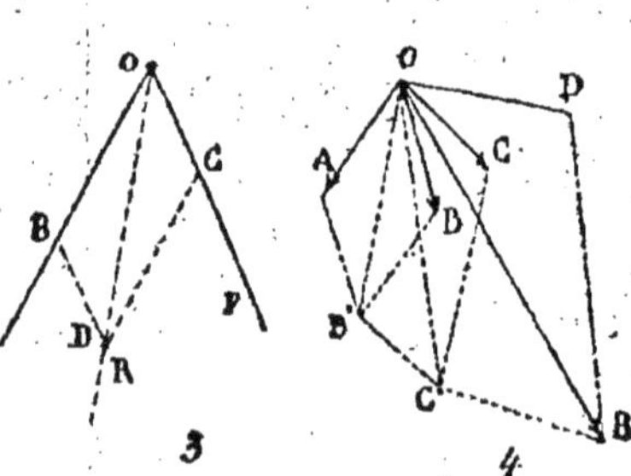

Fig. 3 et 4

Polygones des forces

axes. Un système de forces quelconque, sollicitant un corps solide libre, peut toujours se réduire, soit à deux forces distinctes, dont l'une passe par un point du corps arbitrairement choisi, soit à une force et à un couple, l'une des composantes de ce couple passant par le même point que la force.

Dynamique des forces. — On donne le nom de *dynamique* à la partie de la mécanique où l'on étudie, non plus, comme précédemment les forces se faisant équilibre sur un système matériel, c'est-à-dire à l'état *statique,* mais en introduisant la notion de mouvement. Le double problème à résoudre est donc le suivant :

1° Etant données les forces qui agissent sur un corps, déterminer le mouvement de ce corps.

2° Etant donné le mouvement d'un corps, déterminer les forces qui agissent actuellement sur ce corps.

La Dynamique se présente donc bien comme étant la partie essentielle de la Mécanique, dont la cinématique et la statique ne sont que les préliminaires. Elle est fondée sur trois principes généraux, tirés de l'observation de faits naturels et que l'on vérifie par l'expérience dans leurs conséquences pratiques. Ces principes sont :

1° celui de *l'inertie*, découvert par Képler; 2° celui du mouvement relatif, énoncé par Galilée; et, 3° celui de l'égalité de l'action et de la réaction, établi par Newton.

Inertie. — Les conséquences immédiates que l'on peut tirer du principe de l'inertie sont les suivantes : 1° Un corps ne peut rien changer de lui-même à son état de repos ni à son état de mouvement; 2° Si un corps libre n'est sollicité par aucune force, ce corps est en repos, ou bien il est animé d'un mouvement de translation rectiligne et uniforme si, à un instant donné, on vient à supprimer la force, le corps continue à se mouvoir, et la direction est celle de la tangente à la trajectoire au point où la force a été supprimée.

Le principe de l'égalité de l'action et de la réaction peut s'énoncer comme suit : « Dans un système de points matériels, animé d'un mouvement de translation, un point A exerce sur un autre point B une action représentée par une force F, dirigée suivant la droite qui joint les deux points. Inversement, le point B exerce sur le point A une réaction représentée par une force — F, dirigée suivant la même droite et égale, mais opposée ». On déduit de ce principe les théorèmes qui vont être énoncés:

1° Lorsqu'une force constante en inten-

sité ou en direction agit sur un point matériel soit en repos, soit animé d'une vitesse
initiale dirigée parallèlement à la force; elle
lui imprime un mouvement rectiligne et
uniformément varié. Un corps libre, dans
ces conditions, prendrait par conséquent un
mouvement de translation uniformément
accéléré. Réciproquement, lorsqu'une force
communique à un point matériel ou à un
corps libre un mouvement rectiligne uniformément varié, cette force est constante en
grandeur et en direction.

2° Si une force variable, qui produit un
mouvement varié, devient constante à partir d'un instant déterminé, le mouvement
devient uniformément varié à partir du
même instant, et l'accélération du mouvement final est égale à l'accélération à l'instant du mouvement initial.

3° Lorsque deux ou plusieurs forces constantes agissent simultanément et dans la
même direction sur un même point matériel partant du repos, l'accélération du mouvement qu'elles lui impriment est la somme
algébrique des accélérations que chacune
d'elles produiraient séparément. On peut
ajouter encore que lorsque deux ou plusieurs forces constantes agissent successivement sur un même corps, elles lui impri-

ment des accélérations proportionnelles à leurs intensités respectives.

Masse. — Ces théorêmes fondamentaux de la Dynamique servent à préciser la notion de masse, qui présente une grande importance, car elle représente une qualité essentielle des corps, qui leur est inhérente, tout en demeurant indépendante de l'état de repos ou de mouvement et de la position respective de ces corps par rapport aux autres corps de l'univers. La masse résulte de la quantité de matière qu'un corps renferme.

Puisqu'une même force, étant appliquée à des corps différents, leur imprime en général des mouvements d'accélération différents, c'est que les différents corps n'opposent pas la même résistance au mouvement; ils ne sont pas inertes au même degré. C'est ce que l'on exprime en disant que ces corps n'ont pas la même masse. Ils seraient au contraire de même masse si, étant soumis successivement à la même force, ils prenaient la même accélération. La masse équivaut donc, en dernière analyse, au coefficient de résistance au mouvement d'un corps, et elle est égale au quotient du poids du corps considéré par l'accélération de la pesanteur, qui est une force constante. Toutefois le nombre exprimant cette mesure dépend des unités choisies pour le poids et pour l'accélération.

Travail et force vive. — Les forces étant proportionnelles aux quantités de mouvement, il en résulte que, pour une même force, le produit désigné par les lettres M V est constant. Autrement dit, si la masse devenait 2, 3 fois plus grande, la vitesse serait 2, 3 fois plus petite. Les accélérations imprimées par une même force à deux masses inégales, sont en raison inverse de ces masses, et deux forces sont entre elles comme les masses auxquelles elles impriment des vitesses égales dans le même temps.

La quantité de mouvement, c'est-à-dire le produit M V sert de mesure à l'effet, et l'impulsion sert de mesure à la cause. Ces deux quantités ne suffisent pas dans tous les cas où la force déplace son point d'application, par exemple lorsqu'un projectile pénètre dans un obstacle matériel ou bien lorsqu'on élève un poids à une certaine hauteur. On fait alors intervenir deux nouvelles quantités, qui jouent un rôle très important en mécanique. L'une s'appelle le *travail mécanique* et l'autre la *force vive*. Il existe entre elles une relation analogue à celle qui relie l'impulsion à la quantité de mouvement, mais infiniment plus importante dans la pratique.

Entre le travail mécanique et la force vive, il n'y a pas seulement une relation numérique, il existe entre ces deux quantités un rapport naturel de transformation réciproque. Dans un grand nombre de circonstances, le travail mécanique se transforme en force vive et inversement. Tel est le cas, par exemple, pour un projectile animé d'une force vive déterminée, qui se transforme en travail mécanique par le choc contre un obstacle résistant. La puissance de destruction est proportionnelle au carré de la vitesse et à la masse ou au poids du projectile, et il y a transformation en travail de la force vive de ce corps.

Le travail ne dépend absolument que de l'intensité de la force et du déplacement de son point d'application (parallèlement à la direction de la force), mais il ne dépend nullement de la trajectoire parcourue par ce point d'application entre les deux points extrêmes de son déplacement, ni par conséquent du temps employé pour le parcours.

Unités de travail. — Lorsqu'on a affaire à des quantités considérables d'énergie, tel que cela a lieu dans les calculs des artilleurs, on prend comme unité la *tonne-*

mètre qui vaut 1.000 kilogrammètres. Dans l'industrie, pour exprimer le travail produit ou absorbé par une machine, on emploie le *cheval-vapeur* de 75 kilogrammètres et le *poncelet,* de 100.

Le mot indique la valeur de cette unité. Le kilogrammètre correspond à la quantité de travail nécessaire pour élever 1 kilogramme à 1 mètre de hauteur. Un moteur de 1 cheval-vapeur sera donc capable d'élever un poids de 75 kilogrammes à 1 mètre de haut (ou 7 kil. 500 à 10 mètres), toutes le secondes. 1 cheval-heure, ou 75 kilogrammes pendant 3.600 secondes correspond à un travail total de 270.000 kilogrammètres en une heure. Il est bon de connaître la valeur de ces unités, dont on fait un usage continuel dans la pratique.

CHAPITRE II

LES TRANSMISSIONS MÉCANIQUES

Les machines en général

Les machines sont des appareils destinés, soit à faire équilibre à certaines forces, dites résistances ou forces résistantes, soit à déplacer les points d'application de ces forces, appelées puissances, qui ne sont pas directement opposées aux premières. La transmission des effets des forces dans les machines se fait par l'intermédiaire de leurs organes, ou pièces solides qui réagissent l'une sur l'autre. Une machine *simple* est celle dont les organes se réduisent à un seul corps solide assujetti à certaines liaisons ou articulations : tels sont le levier, le treuil. Une machine *composée* est celle dont les organes eux-mêmes sont des machines simples. La plupart des machines industrielles sont des machines composées.

Dans toute machine en activité, la puissance produit un travail moteur qui doit être transformé en travail utile par les organes, tout en détruisant les résistances qui s'opposent au mouvement. On donne le nom de forces *mouvantes* à celles dont la direction fait un angle aigu avec le déplacement du point d'application ; leurs projections cette dernière direction sont donc positives et elles effectuent un travail positif. Les forces résistantes sont celles dont la direction fait un angle obtus avec le déplacement du point d'application ; leurs projections sur ce déplacement sont donc négatives et elles effectuent un travail négatif. On appelle *travail moteur* de la machine la somme des travaux des forces mouvantes, et *travail résistant* la somme des travaux des forces résistantes.

Une machine *rend* toujours moins en travail utile qu'elle ne reçoit en travail moteur. Elle en garde pour elle-même une certaine partie qui n'a d'autre effet que d'user ses organes par le frottement. On appelle *rendement* d'une machine le rapport du travail utile au travail moteur. Ce rapport est toujours inférieur à l'unité, et dans les machines les mieux construites, il ne dépasse jamais 80/100. Il est plus souvent compris entre 40 et 60. Il résulte de là que ce qu'on a appelé le *mouvement perpétuel* est une chimère, car il consisterait à réaliser une machine qui fournirait indéfiniment du travail utile sans recevoir de travail moteur, comme serait par exemple une roue hydraulique tournant par l'effet de l'eau tombant dans ses augets ou sur ses palettes, et dont une partie de la force disponible serait employée à remonter à l'aide d'une pompe, l'eau motrice dans un réservoir supérieur. Les frottements des axes, du piston de la pompe, etc., absorbent une partie du travail; il en résulte qu'il n'est pas possible de remonter la totalité de l'eau dans le réservoir et qu'au bout de quelque temps celui-ci est vide, ce qui amène l'arrêt du mouvement de la roue.

Les machines ne sauraient *créer* du travail ; elles ne peuvent que *transformer* du travail, en lui faisant subir une perte plus ou moins grande. Elles servent à remplacer les deux facteurs du travail moteur dont on dispose en deux autres facteurs dont le produit constitue le travail résistant. Souvent la résistance est beaucoup plus grande que la puissance dont on dispose; par suite, le facteur représentant le chemin parcouru par la puissance doit être beaucoup plus grand que le facteur représentant le déplacement de la résistance. C'est ce que l'on exprime en disant que ce que la machine gagne en force, elle le perd en chemin parcouru. Ce principe est constamment appliqué.

Si donc la machine permet de surmonter avec un petit effort une grande résistance, en revanche ce petit effort doit parcourir un chemin beaucoup plus grand. Ainsi, pour enlever à une hauteur de 10 mètres un poids de 1.000 kilogrammes, il faut dépenser une quantité de travail de 10.000 kilogrammètres, et, quelque moyen qu'on emploie, on ne pourra jamais dépenser moins. Si l'on dispose d'une machine *parfaite*, c'est-à-dire exempte de frottements et de réaction (chose irréalisable dans la pratique), et qu'on ne puisse y appliquer qu'un effort de 10 kilogrammes, cet effort devra parcourir 1.000 mètres au lieu de 10 mètres. Mais comme il n'existe pas, nous le répétons, de machine parfaite, il faudra employer une force de 15 ou 20 kilogrammes et lui faire parcourir cependant une longueur de 1.000 mètres. C'est ainsi qu'un homme agissant sur un palan moufflé pourra arriver à soulever des poids de 10.000 kilogrammes, à la condition de ramener à lui une longueur de corde de 50 mètres chaque fois qu'il hissera le poids de 1 centimètre.

Machines simples

Levier. — On distingue ordinairement trois *genres* de leviers, suivant la position qu'occupe le point d'appui par rapport aux points d'application de la puissance et de la

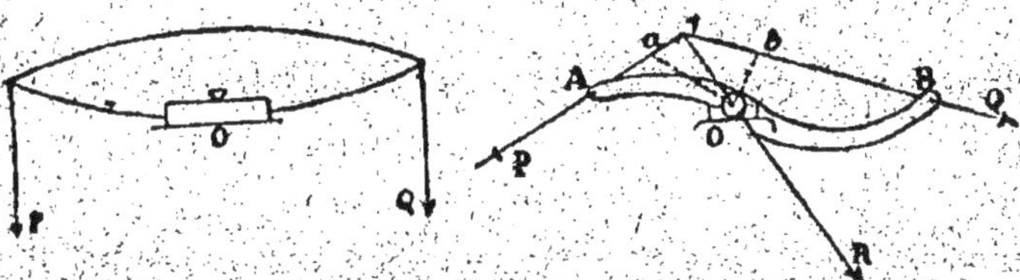

Fig. 5. — Théorie du levier.

résistance. Le levier est dit *du premier genre*, lorsque le point d'appui se trouve

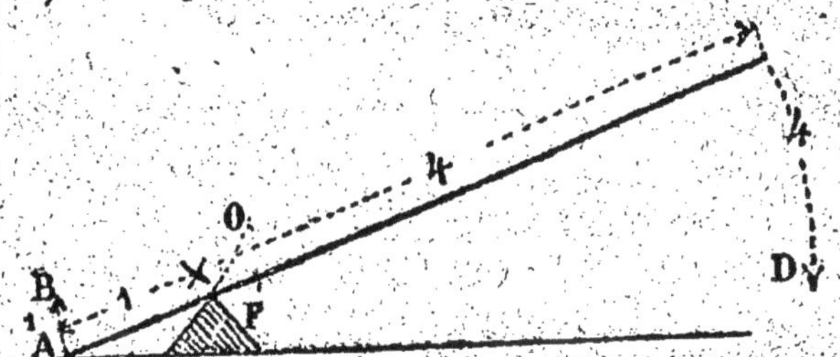

Fig. 7. — Exemple de levier du premier genre.

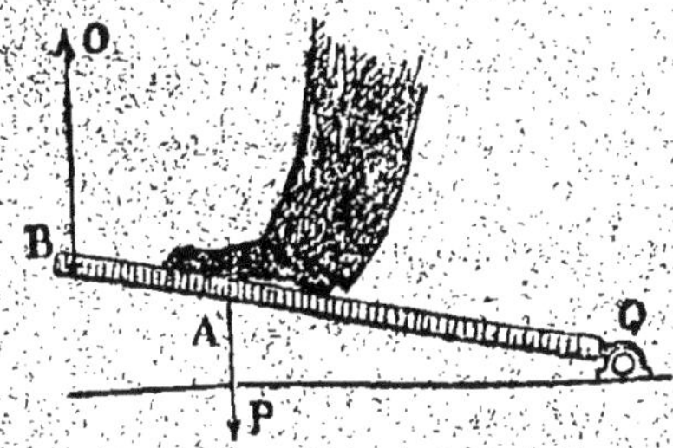

Fig. 7

Type de levier

du second

genre.

entre la puissance et la résistance. Il est dit *du second genre,* quand la résistance se

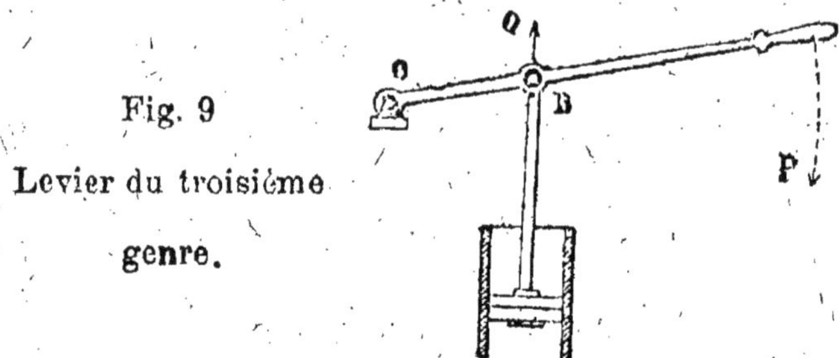

Fig. 9

Levier du troisième

genre.

trouve entre la puissance et le point d'appui. et *du troisième genre,* quand la puissance se trouve entre la résistance et le point d'appui.

Dans les applications du levier de la première catégorie, on peut citer les fléaux de balances ordinaires, le levier coudé de la machine à mesurer la chute des corps d'Atwood, la *pince à talon,* barre de fer dont se servent les maçons et les carriers pour soulever et détacher de gros blocs de pierre. La pédale du remouleur est le type des leviers du second genre, de même que le casse-noisettes, l'ustensile bien connu. Enfin le *balancier* des pompes à main, permettant d'actionner le piston à l'intérieur du corps de pompe, est un exemple du levier du troisième genre.

Déjà avec ce levier, nous trouvons une application du principe énoncé un peu plus

haut, à savoir que ce que l'on gagne en force
on le perd en chemin parcouru et inversement. Supposer un levier droit formé d'une
barre de fer rigide, mesurant 1 mètre de
longueur et ayant son point d'appui à
0 m. 20 de son extrémité de gauche. Si l'on
fait basculer ce levier, en appuyant sur son
extrémité de droite, de telle manière que
l'autre extrémité se soulève de 0 m. 10 au-
dessus de l'horizontale, on verra qu'il a fallu
faire parcourir au bout de droite un espace
cinq fois plus grand, c'est-à-dire dans le
rapport qui existe entre les deux bras inégaux du levier, 0 m. 20, étant la cinquième
partie de la longueur totale du levier. De
même, en appliquant un poids de 1 kilogramme à l'extrémité du grand bras de
levier, ce poids équilibrera un poids de
5 kilogrammes placé à l'extrémité du petit
bras. Un levier de ce genre est appliqué
dans les balances dites romaines.

Moufles. — On donne ce nom à un assem-
blage de plusieurs poulies dans une chape
commune et qui sert à élever les fardeaux.
L'une de ces poulies est attachée à un point
fixe et l'autre est mobile. Dans l'agencement
représenté par la fig. 10, une corde tirée par
une puissance P embrasse chacune des

poulies 4, 3, 2, 1 d'une chape à l'autre, enfin
la moufle mobile porte le poids Q qu'il s'agit
d'élever. Dans cette machine, la puissance
est égale à la résistance divisée par le nombre des poulies ou par le nombre des brins
moins un, et si l'on observe le fonctionne-

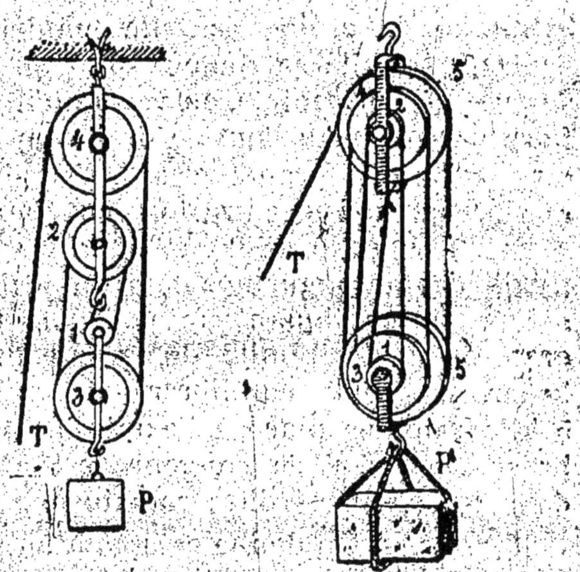

Fig. 10. — Poulie mouflée. — Fig. 11. — Moufle White.

ment, on fait la remarque que la longueur
du cordeau ou *brin* sur lequel s'exerce la
puissance P, s'augmente de la somme de
tous les raccourcissements des autres brins
partiels, et que chacun de ces derniers est

égal à la montée du poids Q. Par conséquent, s'il y a quatre cordeaux en sus de celui auquel est appliquée la puissance, le chemin parcouru par le point d'application de la résistance, sera le quart de celui qui décrit le point d'application de la puissance. Il en sera le sixième si le nombre de cordeaux est de 6, le huitième s'il y en a 10 (9 + 1). L'équilibre est donc soumis à cette condition que le travail de la puissance soit égal au travail de la résistance, d'où il résulte, que la puissance est le quart, le sixième, etc., de la résistance.

Avec ce genre d'appareil, il y a économie de force motrice quand on soulève de grandes charges, et il est avantageux d'employer de petits tourillons et des poulies de grand rayon.

Dans le système qui vient d'être décrit, nous avons supposé les poulies pleines et placées les unes au-dessus des autres dans

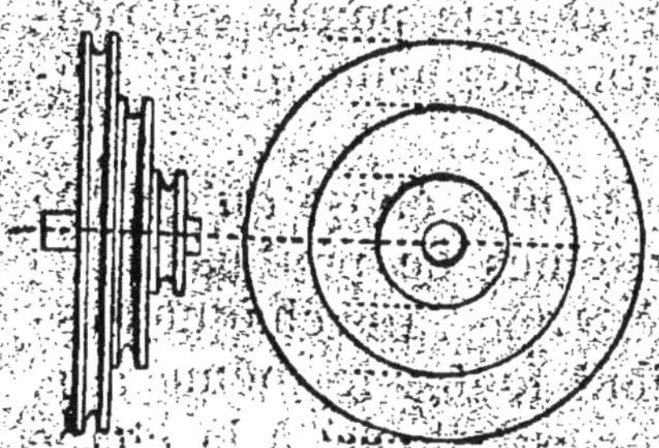

Fig. 12

Poulies à gorges
vue de profil
et de face.

chaque moufle, mais, dans la pratique, on préfère les disposer en deux groupes distincts, les poulies de chaque groupe possédant un axe commun sur lequel elles sont enfilées. La théorie demeure identiquement la même que celle qui vient d'être exposée. Toutes les poulies juxtaposées ont le même diamètre.

Dans le modèle de moufle de White, les poulies de chaque groupe sont solidaires, ou plutôt elles sont composées d'un bloc unique, enfilé sur un axe, et sur lequel on a pratiqué une série de gorges de diamètres variés. En raison même de la solidarité des différentes poulies constituant le moufle de White, les rayons de ces poulies ne sont plus arbitraires; en effet, la vitesse angulaire étant commune à toutes, les longueurs des portions de corde qui passent sur elles sont proportionnelles à leurs rayons; mais, si le fardeau monte d'une certaine quantité, chaque brin se raccourcit, et la longueur de corde qui passe sur chaque poulie est proportionnelle au nombre des brins qui la précèdent (fig. 11 et 12).

Les *palans* ne sont autre chose qu'un ensemble de deux systèmes de poulies moufées, mais de manière que dans chaque système les poulies aient toutes le même axe. Le fardeau à enlever est attaché à la chape du système inférieur; celui-ci est relié à l'autre par une corde fixée à l'une des chapes, et passée alternativement sur une poulie de l'un des systèmes et sur l'une des poulies de l'autre.

Treuil. — Le treuil est encore une machine simple servant à l'élévation des fardeaux. Il se compose d'un cylindre ou tambour, en bois ou en tôle, monté sur un axe central disposé horizontalement et reposant sur deux coussinets supportés par un bâti solide fixé sur une plate-forme. Ce tambour, qui peut être animé d'un mouvement de rotation à l'aide de leviers ou de manivelles, reçoit un cordage sur lequel s'exerce l'effort que l'on veut transmettre. Il est ordinairement complété par l'adjonction d'une roue à rochet clavetée sur l'axe et qui tourne avec lui. Un cliquet est fixé sur un pivot monté sur le côté du bâti. La dent de ce cliquet s'engage entre les dents du rochet et s'oppose par sa présence à la rotation de l'axe et du tambour dans un sens déterminé. Cette addition a pour but d'empêcher le déroulement intempestif du cordage pendant son enroulement.

Le treuil est employé, sous diverses formes, à l'élévation des poids. Il constitue la partie essentielle des grues de levage, et il se trouve alors combiné avec un système de poulies mouflées qui accroît sa puissance en mettant à profit les principes de la moufle exposés précédemment.

Le cabestan est un treuil à axe vertical, que l'on emploie pour le halage des bateaux, des wagons de chemins de fer dans les gares, et dans nombre d'autres applications.

Organes de transmission de mouvement

Lorsqu'il s'agit de transformer un mouvement en un autre ou transmettre un mouvement à distance, on fait usage de différents organes, dont les plus usités sont les bielles, les manivelles, les engrenages, les crémaillères, les excentriques, les chaînes, les courroies, etc. Nous étudierons dans cet ordre ces différents artifices de mécanique.

Bielles. — Une bielle est une barre métallique rigide, munie à ses deux extrémités d'articulations dites tête et pied de bielle, par lesquelles elle se trouve reliée aux organes qu'elle met en relations. La bielle est surtout employée pour transformer en un mouvement circulaire continu un mouvement rectiligne alternatif, tel que par exemple celui d'un piston dans son corps de

pompe, mais alors elle est reliée à l'extrémité d'un maneton ou d'une manivelle ca-
lée au bout de l'arbre à mettre en rotation.
Quand cet arbre doit être prolongé à droite
ou à gauche de l'axe du corps de pompe, il
porte, non plus un maneton, il est coudé de
manière à former un vilebrequin, ou double
manivelle, entre les deux manetons de laquelle est attachée la tête de bielle. La cir-

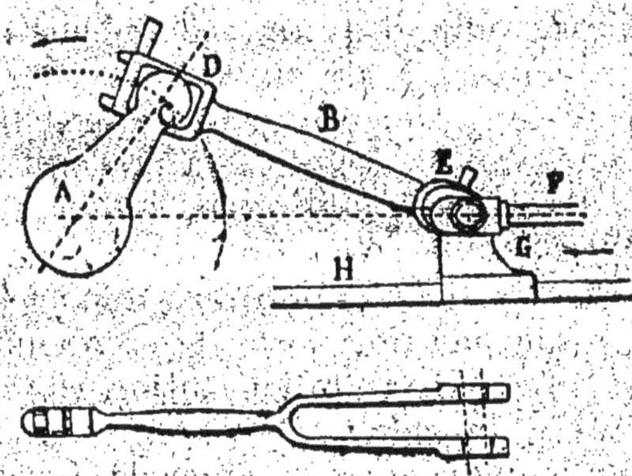

Fig. 13. — Bielle articulée : A Manivelle; B Bielle;
C Maneton; D Tête de bielle; E Pied de bielle;
F Tige; G Crosse; H Glissoire.

Fig. 14. — Bielle à fourche.

conférence décrite par cette pièce pendant
son déplacement a un développement exactement égal à la longueur d'une course rectiligne, aller et retour, du piston dans le
cylindre.

La puissance de la bielle agit avec une énergie très variable. En effet, cette puissance est appliquée à un bras de levier dont la longueur représentée par la distance du centre de l'arbre à la tête de bielle varie à chaque instant. Ce bras de levier, nul d'abord, lorsque le bouton de la manivelle se trouve exactement dans le prolongement de la bielle, augmente jusqu'à devenir égal au rayon de la circonférence décrite par la manivelle, puis diminue et redevient nul, lorsque celle-ci a décrit un demi-cercle et que le piston a terminé sa course d'aller. Il présente donc deux maxima et deux *points morts*, diamétralement opposés dans le sens du déplacement de la tige du piston. Il ne peut donc y avoir d'équilibre dans le mouvement que par une sorte de compensation, qui est obtenu par l'interposition sur l'arbre tournant, d'un *volant*, de rayon et de masse suffisante pour emmagasiner la force vive nécessaire pour régulariser la rotation et aider la manivelle à franchir les points morts.

Les bielles s'appliquant à une grande diversité de machines, elles sont elles-mêmes très diverses comme formes et dimensions. On en distingue de deux catégories : celles qui agissent directement et celles qui agissent par l'intermédiaire d'un balancier. Lors-

que les bielles ont une action directe,
comme cela se produit dans les moteurs à
gaz et les machines à vapeur à simple
effet, elles sont articulées d'une part sur un
tourillon à l'intérieur du piston et d'autre
part sur un axe reliant les jantes de deux
volants pleins contenus dans un carter her-
métique ou sur un coude de l'arbre à vilebrequin. Ces bielles sont en acier fondu de
haute résistance, car elles doivent être lé-
gères et posséder en même temps une
grande solidité; elles ont une section circulaire, méplate ou quadrangulaire pour offrir
la plus grande résistance possible à la
flexion. La section va ordinairement en diminuant depuis le milieu jusqu'aux extrémités. La tête de bielle est munie de coussinets en métal antifriction ou quelquefois
de roulements à billes pour diminuer le
frottement.

Les bielles dites *à fourche* possèdent une
grosse tête qui embrasse le bouton de manivelle de l'arbre moteur et qui se divise en
deux branches comme une paire de pin-
cettes s'articulant sur un tourillon qui traverse la crosse du piston. Les têtes de bielles
se font à chaque fermée ou à chaque mobile. Celles-ci sont réunies au corps de la
bielle par deux coins à double queue
d'aronde emmanchés latéralement et mainte-

nus par un boulon traversant la chape, la bielle et les coins. Ce sont les bielles à chape fermée qui sont garnis de coussinets retenus par une clavette en acier, fixée elle même le plus souvent par une contre-clavette ou des goupilles. Pour qu'une bielle fonctionne convenablement, on lui donne une longueur égale à cinq fois le rayon de la manivelle.

Engrenages. — On peut dire en thèse générale, que les engrenages ont été créés dans le but de transmettre un mouvement circulaire continu, uniforme ou varié, sans le transformer. On conçoit donc que tous les solides de révolution à génératrices rectilignes sont susceptibles de constituer des engrenages, en les munissant, bien entendu, d'une denture convenable. Ces solides de révolution, au nombre de trois, sont les cylindres, les hyperboloïdes de révolution et les cônes, dont les surfaces de roulement sont du deuxième degré. Le choix de l'un ou l'autre de ces trois genres ne dépend que de la position relative des axes entre lesquels la transmission doit s'opérer.

Si les axes sont parallèles, les génératrices de roulement le seront aussi et l'engrenage sera cylindrique. Si les axes ont dans l'espace une position quelconque, l'engrenage sera hyperbolique, enfin, si ces axes se coupent, les génératrices de roulement se couperont aussi et l'engrenage sera conique. En conséquence, les engrenages droits et ceux dits coniques ont leurs axes disposés dans le même plan, tandis qu'il n'en est pas de même pour ceux dit hyperboliques. De toute façon, ces organes sont constitués en principe par deux cercles qui s'entraînent sans glissements par leurs circonférences. Passant du principe à l'application, ces cercles deviennent deux disques cylindriques pour les engrenages droits, et deux troncs de cône pour les engrenages d'angle, dits pour cette raison, conique. L'entraînement des circonférences est assuré par des dentures qui s'entrecroisent et se pénètrent. C'est donc, en réalité, un entraînement par friction, comme cela pourrait avoir lieu entre deux disques polis, cylindriques ou troconiques, roulant simplement l'un sur l'autre en tant que l'effort extérieur à surmonter permettrait ce genre de transmission.

On détermine les proportions géométriques des engrenages de façon à mettre ceux-ci en rapport avec les vitesses qu'ils sont destinés à transmettre. En effet, si, en se commandant, leurs circonférences se meuvent ensemble sans que l'une devance l'autre, elles ont donc exactement la même vitesse, et à vitesse circonférentielle égale, deux cercles tournants possèdent des vitesses angulaires inversement proportionnelles à leurs diamètres.

Les courbes qui permettent de déterminer le tracé des dentures d'engrenages sont l'épicycloïde, l'hyperbole et la développante de cercle dont tous les traités de géométrie enseignent le calcul. Les roues les plus simples sont celles dites à entraînement par friction, qui ne comportent pas de denture et fonctionnent par simple adhérence des

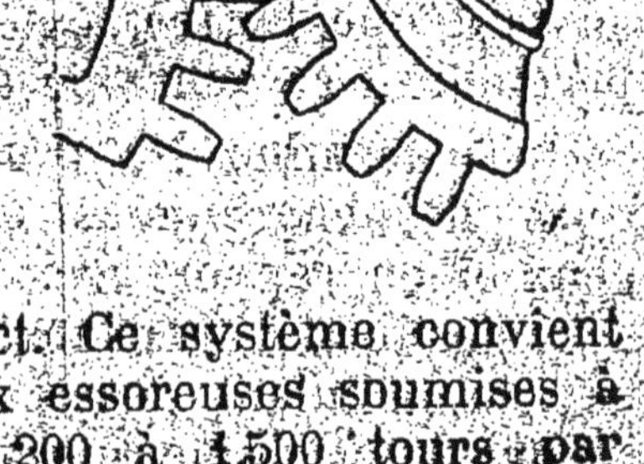

Fig. 15

Tracé partiel de deux

Engrenages droits

à denture en

développante de cercle.

surfaces en contact. Ce système convient principalement aux essoreuses soumises à des vitesses de 1.200 à 1.500 tours par minute, car il permet aux organes de commande de glisser l'un contre l'autre, tant que la vitesse de régime n'est pas atteinte. Les roues mises en contact présentent ordinairement la forme de deux troncs de cône.

Les engrenages droits (cylindriques) à denture extérieure ou intérieure sont donc établis sur le tracé de la cycloïde ou de la développante de cercle. Ces deux genres de dentures, qui s'emploient surtout pour des roues d'assortiment constituant des *trains* ou *harnais* d'engrenages, présentent chacun des avantages et des inconvénients particuliers, sur lesquels il est utile de dire quelques mots. Un des principaux avantages de la denture à profil cycloïdal consiste en ce que, pour des roues de même grandeur, la limite du nombre des dents peut être abaissée jusqu'à 7, tandis que, dans le procédé par développante, pour des roues de même grandeur, la limite inférieure est de 14, et, pour des roues inégales, de 11 pour le pignon. Avec des profils cycloïdaux, la perte de travail due au frottement est relativement faible et l'usure ne modifie que très lentement la forme des dents. Un inconvénient, en revanche, est la double courbure en S que doit présenter le profil, et qui rend la fabrication plus difficile, mais ce défaut est en réalité d'assez peu d'importance.

Quant aux dentures en développante, leurs avantages les plus sérieux découlent en premier lieu de la forme simple des dents, puis de ce fait que les axes des deux roues peuvent être légèrement déplacés sans que l'engrènement cesse de se produire. Toutefois, ce genre de denture n'est vraiment recommandable que lorsque les roues comportent un grand nombre de dents, au minimum 30 pour le pignon. Il vaut mieux, pour les engrenages de faible diamètre, recourir aux profils cycloïdaux, pour les raisons qui viennent d'être exposées plus haut.

Les dentures dites *à point* et dentures *mixtes* peuvent rendre de bons services dans certains cas spéciaux, surtout quand il est fait usage de roues à dents de fer ou d'acier. La denture *à cames* peut également être utilisée avec avantage, car elle permet de prendre des roues comportant un nombre de dents plus faible que celles munies d'un autre genre, et de réduire par suite, le diamètre de ces roues. Enfin les types dites *roues-boucliers* ont des applications assez restreintes et on ne les rencontre que dans un petit nombre de mécanismes.

Les engrenages d'*angle* se présentent sous des formes assez variées, se distinguant les unes des autres par les rapports que présentent leurs plans, la position respective de l'axe de chaque roue, la forme de la denture, etc., mais les plus usités sont ceux que nous allons décrire.

L'engrenage *à rouet et à lanterne* a été en usage durant des siècles dans les moulins à vent pour transmettre le mouvement des ailes à l'arbre de la meule courante. Le *rouet* était un disque de bois plein, d'assez grand diamètre, fixé sur l'arbre de couche des ailes. Ce disque portait à sa périphérie, et à égale distance les unes des autres, des dents en bois ou *alluchons*, implantées perpendiculairement à son plan, et pouvant être changées à volonté après usure. La *lanterne*, jouant le rôle de pignon, et disposée verticalement, se composait de deux petits disques de bois superposés, distants de 40 centimètres environ, et réunis l'un à l'autre par une série de barreaux de bois régulièrement espacés. Les dents du rouet pénétraient entre les vides laissés entre les barreaux vides égaux à l'épaisseur de ces dents. La lanterne affectait donc une forme cylindrique et sa vitesse se trouve en rapport avec son diamètre comparé à celui du rouet le commandant.

Il est fait usage, dans l'industrie de la filature, d'engrenages coniques dont les axes ne sont pas dans le même plan. Les métiers continus désignés sous les noms de bancs à broches, mull-jennys, etc., comportent un très grand nombre de broches sur lesquelles sont montées les bobines ou s'emmagasine le fil produit; ces broches, qui tournent avec une très grande vitesse, sont placées verticalement sur la même ligne et commandées par des roues d'angle dont les dentures n'ont pas un sommet de concours commun, comme dans les engrenages coniques ordinaires. Le moment de l'engrènement a pour éléments deux cônes tangents, mais dont les sommets ne coïncident pas dans les engrenages considérés.

Outre les engrenages coniques à denture extérieure ou intérieure, on fait encore usage de modèles basés sur des principes analogues, mais d'une exécution un peu différente. Ainsi on emploie quelquefois, dans le cas de deux axes rectangulaires entre eux, et non situés dans le même plan, des engrenages coniques à denture inclinée dérivant des précédents.

L'engrenage dit *à chevilles* de Rœmer est une variété de ces dispositions, et il a pour but de faire varier le rapport des vitesses angulaires de deux arbres parallèles. A cet effet, l'un de ces arbres porte un tronc de cône armé sur toute sa hauteur de dents semblables à celle des roues coniques. L'autre arbre porte également un tronc de cône, mais simplement armé, celui-ci, de chevilles disposées sur sa surface suivant un ordre déterminé. Ces chevilles s'engagent dans les creux de la denture du premier cône, et la vitesse, au lieu d'être uniforme, est variée suivant le rapport de diamètre des deux cercles en contact. Il n'est pas indispensable, dans ce système, que les arbres soient rigoureusement parallèles; leurs axes peuvent être obliques, l'un par rapport à l'autre. Pourvu qu'il y ait contact suivant une génératrice, l'entraînement s'opère normalement.

Le professeur Beylich avait proposé en 1866, sous le nom de *roues universelles*, un dispositif destiné à remplacer les engrenages coniques dans tous les cas où l'angle des axes est soumis à des variations fréquentes, et elles devaient particulièrement convenir pour relier des arbres dont l'angle variait de 0 à 180° d'arc. Ces roues étaient constituées par des segments dentés de globoïdes de troisième classe, avec des dents et des creux alternés dans la direction des méridiens. Ce système n'a reçu que peu d'applications.

Les engrenages dits *hyperboliques* sont destinés à relier des arbres dont les axes se croisent sans se couper, le contact des dents ayant lieu suivant une ligne droite. Ils rentrent dans la catégorie des engrenages dits *de force*; leurs corps primitifs sont

4

des hyperboloïdes de révolution qui se touchent suivant une génératrice commune. Si l'on voulait donner aux dents de ce genre

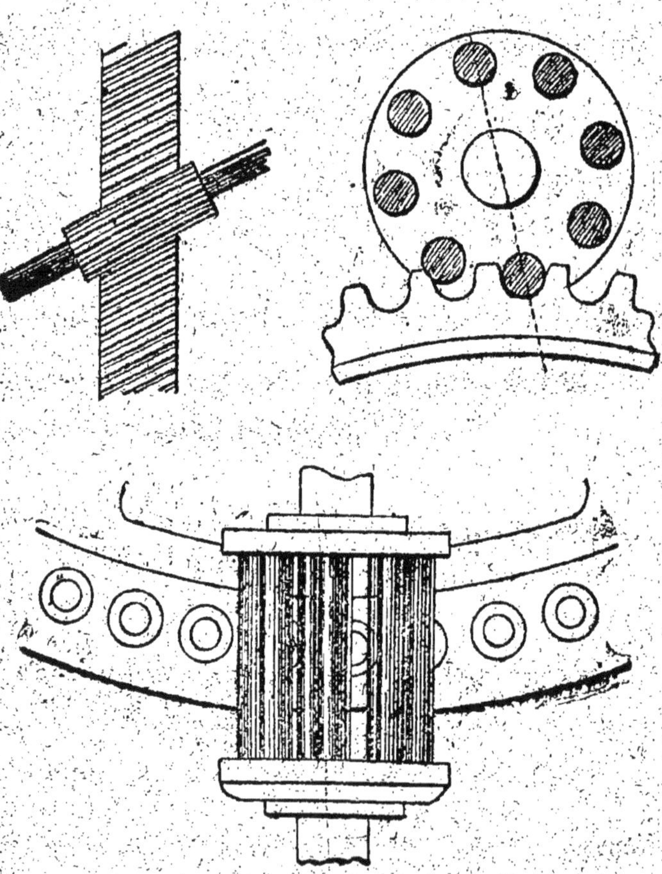

Fig. 16. — Engrenages à denture hyperbolique.
Fig. 17 et 18. — Engrenages droits à lanterne.

d'engrenages des formes absolument rigoureuses, on rencontrerait de sérieuses difficultés d'exécution, mais on peut se contenter d'un profil approximatif, de même que
cela a lieu pour les roues coniques. Dans ce
genre de roues, le glissement des flancs de
la dent est la source d'un frottement considérable. Ce frottement peut s'évaluer d'après
la vitesse de glissement, laquelle est égale à
celle que l'on obtiendrait pour des roues à
dentures hélicoïdales de même diamètre.

Les engrenages hyperboloïdes ont moins
d'application que les engrenages ordinaires,
et l'on évite autant que possible d'y avoir
recours, en raison des difficultés que présente leur tracé, et on leur préfère les engrenages dits *à fuseaux* et *à point* à denture
extérieure ou intérieure.

Pour diminuer le glissement partiel qui se
produit au passage de chaque dent, quand
on emploie la vis sans fin comme moyen
de transmission, on avait cherché à multiplier le nombre de saillies, en diminuant
par suite proportionnellement le pas de
l'engrenage. On était arrivé à superposer un
certain nombre de profils, qui engrenaient
successivement, de telle sorte que chacun
d'eux était reculé d'une petite quantité par
rapport à l'autre. Telle a été la première

idée des engrenages hélicoïdaux, qui, perfectionnés ensuite, sont devenus capables de transmettre avec une perte insignifiante de force, des vitesses très considérables : 24 à 30.000 tours par minute dans les petits modèles de turbines à vapeur Laval.

On peut considérer ce genre d'engrenages comme le résultat de deux mouvements. En effet, pendant qu'un cylindre tourne d'une manière uniforme, si un outil affectant la forme d'une dent s'avance parallèlement à l'axe du cylindre et enlève la matière sur celui-ci, on obtiendra par cette cannelure une roue dont le profil générateur sera celui de la dent d'un engrenage cylindrique, et dont les génératrices seront des hélices parallèles entre elles et de même pas.

Les dentures des roues hélicoïdales sont le plus souvent taillées à la fraise, soit au moyen d'un tour à pointes sur le porte-

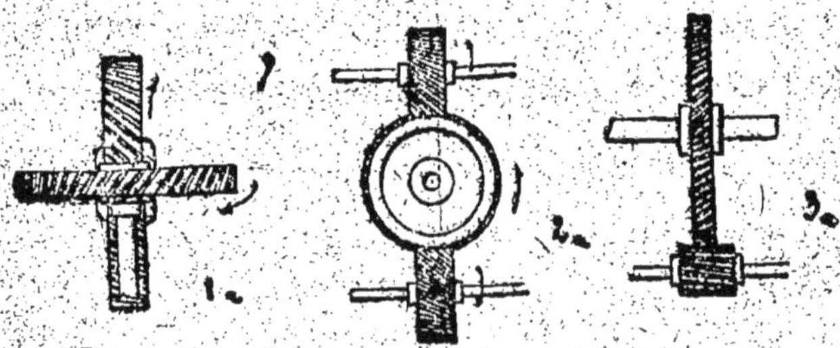

Fig. 19, 20 et 21. — Engrenages hélicoïdaux.

outil duquel la fraise est disposée obliquement. On procède alors de la même manière que pour fileter les vis.

On utilise encore la denture hélicoïdale pour les roues d'angle, et cette solution convient surtout dans le cas où la distance des axes devient nulle. La courbure la plus convenable pour les axes des dents est celle qui est donnée par l'hélice conique à inclinaison constante, dont la projection sur le plan de la base du cône est une spirale d'Archimède. Dans les machines de filatures, on rencontre d'assez nombreuses applications des roues coniques à denture hélicoïdale, et nous en avons dit déjà quelques mots plus haut. Toutefois il faut ajouter que les difficultés d'exécution de ce genre de roues a fait limiter leur emploi à la transmission d'efforts assez faible, pour éviter la pression axiale qui se produit. Quand il s'agit de puissances assez considérables, on fait suage de roues *à échelons* à denture croisée, ou mieux d'*engrenages à chevrons*, formés de deux dentures hélicoïdales inclinées en sens contraire l'une de l'autre. On nomme ce système *winkelzalin* (roues à dents anglaises) en Allemagne, et *motrice whul* en Angleterre. Il est très ancien; on le trouve déjà appliqué dans des machines à filer du dix-huitième siècle et dans certaines grosses horloges, mais ce n'est que depuis l'année 1850 que les engrenages à chevrons, ou *roues à dentures de flèche*, selon le nom qui leur a été donné par Reubaux, sont entrés dans la pratique courante et appliqués aux grosses machines de toute espèce.

Un genre de denture assez usité et qui n'est qu'une combinaison de la denture à orthocycloïde avec la denture à développante, chacune d'elle étant utilisé pour l'un des deux flancs d'une dent, ce qui donne un profil avantageux pour la résistance de cette dent, ainsi que pour le fonctionnement lorsque la transmission du mouvement n'a jamais lieu que dans un seul et même sens. En raison de la forme présentée par les dents, ce système d'engrenage est désigné sous le nom de *denture à cames*.

Nous en arrivons maintenant à la crémaillère et à la vis sans fin. La crémaillère est une barre rectiligne munie de dents droites s'engageant dans les creux correspondants d'un pignon à denture cyloïde ou en développante de cercle. Le cercle roule donc, non plus sur un autre cercle comme dans les engrenages droits ordinaires, mais le long d'une ligne, ce qui entraîne quelques modifications dans le tracé. La crémaillère sert à transformer un mouvement rectiligne alternatif en un mouvement cir-

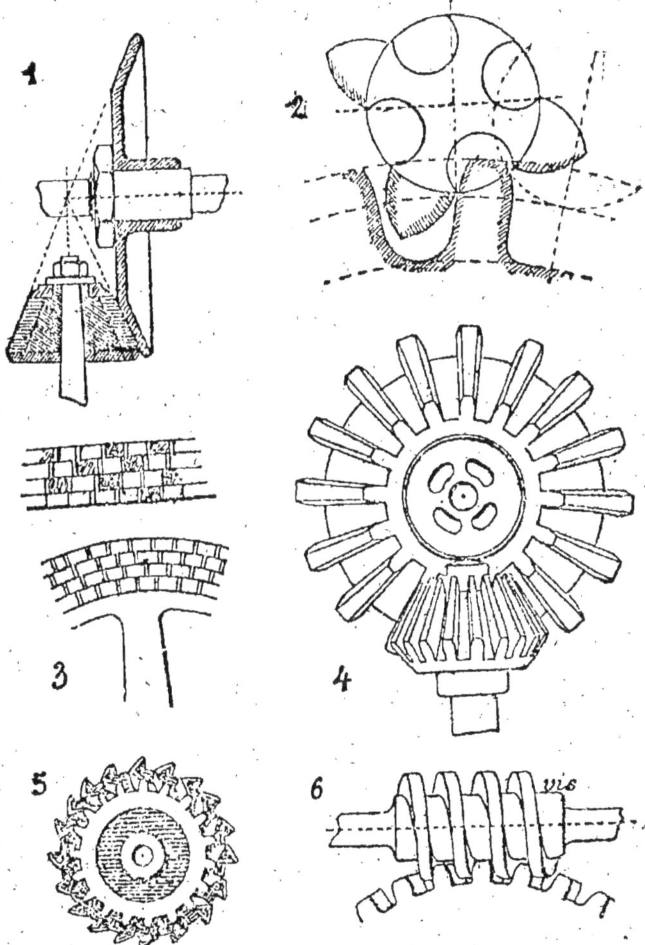

Fig. 22 à 27. — Engrenages divers : 1. à friction ;
2. à fuseaux ; 3. à échelons ; 4. coniques ;
5. à chevrons ; 6. Vis sans fin.

culaire dans un sens, puis dans un autre opposé, à moins d'un artifice mécanique, par exemple en munissant le pignon de commande d'un rochet ne permettant le mouvement de rotation que dans un sens. Inversement, pour transmettre son mouvement à la crémaillère, le pignon doit effectuer un demi-tour dans un sens et le second dans le sens opposé, afin de ramener la barre à son point de départ.

La crémaillère n'est donc pas apte à recevoir ou à communiquer un mouvement circulaire continu. On est donc obligé de recourir à d'autres organes de transmission dans le cas où il n'est pas possible d'utiliser les modèles classiques d'engrenages, et particulièrement lorsque les axes des arbres à commander, non seulement ne se trouvent pas dans le même plan, mais qu'ils sont perpendiculaires l'un par rapport à l'autre.

La *vis sans fin* fournit une solution plus avantageuse, dans ce cas que les engrenages d'angle à denture inclinée sur la génératrice ou hélicoïdale. Elle permet de très grands rapports de vitesse, mais ne convient guère à de grands efforts. La commande peut venir indifféremment de la vis ou du pignon. La denture de ce dernier doit présenter un profil spécial concave ; la vis se trouve retenue dans les guides du mouvement circulaire et ses filets s'engagent dans les creux des dents de la roue. Le mouvement de rotation est continu, les dents du pignon se succédant en prise, et la vis tournant sur elle-même sans aucun mouvement de translation.

On trace ce genre de commande d'après différentes méthodes. La vis sans fin peut engrener avec un pignon creusé suivant le profil de la vis ou ces deux pièces peuvent être contournées suivant la courbure de la roue, enfin, au lieu d'engrener avec un pignon, la vis sans fin peut mordre sur une crémaillère à dents en développante de cercle. De toute façon, cette vis est à filets carrés tracés d'après les principes ordinaires, mais le carré est ordinairement remplacé par un rectangle de largeur et de hauteur égales à celles d'une dent du pignon.

Lorsque la vis est à simple filet, le rapport de vitesse de rotation entre les deux pièces est égale au nombre de dents du pignon, puisque chaque tour de la vis ne fait avancer celui-ci que d'une dent. Si la vis était à plusieurs filets, le rapport serait divisé par le nombre de filets. Ainsi, si le pignon comporte 30 dents, une vis à simple filet fera 30 tours pour 1 du pignon, une vis à 2 filets aurait un rapport de 15 à 1, de 10 à 1 si la vis a trois filets, et ainsi de suite. L'engrenage à vis sans fin est donc très utile pour transmettre un mouvement de rotation avec un très grand rapport à la condition, toutefois, que l'effort ne soit pas très considérable, en raison du peu de surface des dents en contact et de la décomposition de force occasionnée par la direction inclinée des dents. Le plus généralement, cet engrenage est établi de manière que ce soit la vis qui commande et non le pignon. Dans le cas contraire, la vis est nécessairement à plusieurs filets, afin de former un rampant très sensible. C'est pourquoi l'on fait souvent la denture des pignons creuse, afin de suivre la courbure de la vis et l'embrasser ainsi sur une plus grande étendue.

Excentriques et cames. — Les *excentriques* sont des organes appliqués dans les transformations de mouvement comme les roues d'engrenage pour les transmissions. Leur but est de transformer un mouvement circulaire continu, soit en un mouvement rectiligne alternatif, soit en un mouvement circulaire alternatif pouvant s'opérer dans toutes les directions.

On distingue plusieurs variétés d'excentriques, le plus simple, celui qui a reçu le plus d'applications, consiste en un disque plein ou ajouré assujetti à tourner d'une manière continue sur un axe qui ne passe pas par son centre. L'amplitude du mouvement, ou course de la pièce que l'excentrique fait mouvoir, est toujours égale au double de la distance du centre à l'axe, c'est-à-dire au diamètre de la circonférence décrite par le centre. Dans l'excentrique circulaire, le plus usité, la marche de la pièce conduite, tige ou galet, a lieu sans interruption, en allant comme en revenant, mais d'une manière irrégulière depuis le commencement jusqu'à la fin de la course, bien que l'axe de l'excentrique reçoive un mouvement de rotation régulier.

Quand on veut produire un mouvement rectiligne alternatif uniforme, il faut donner une autre forme que le cercle à la pièce, et il est nécessaire alors de calculer la courbe à lui donner, la course et le rayon ou, pour mieux parler, la distance du centre au point de contact le plus rapproché étant déterminé géométriquement et prise pour base. La courbe est toujours symétrique par rapport à la ligne axiale passant par son centre; par conséquent, la première partie de l'excentrique qui commande le mouvement du galet et la tige à laquelle ce galet est relié, est tout à fait semblable à la seconde partie sur laquelle le galet reste appliqué en redescendant. Ainsi la rotation régulière et continue de l'excentrique détermine le mouvement alternatif uniforme du galet et de sa tige, qui est maintenue dans sa position par des guides. Cette forme d'excentrique est dite *à cœur*, la première décrite étant dite *circulaire*. Il est fait aussi usage d'excentriques *triangulaires*, dont le modèle Trézel est une variante, et d'excentriques à *développante*, sorte de came.

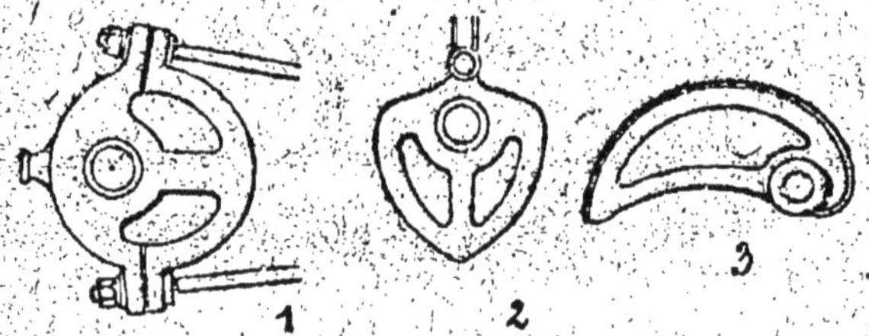

Fig. 28 à 30. — Excentriques : 1. circulaire; 2. à cœur; 3. à développante.

On donne la dénomination générale de cames à une sorte de rouages permettant d'obtenir un mouvement varié. Elles dérivent des excentriques, mais donnent la faculté de transformer dans de plus grandes limites, le mouvement circulaire qui leur est communiqué. Le type le plus simple de came consiste en une dent ou un doigt de profil variable agissant sur une roue den-

-lée, un galet ou un ergot. La came en développante et la came double sont celles que
l'on rencontre le plus fréquemment.

Les cames sont remplacées dans certains
mécanismes par un bouton de manivelle
guidé par un cadre ou dans des rainures-
guides, mais cette application est plus rare.

*Transmissions de mouvements irrégu-
liers.* — Lorsqu'il s'agit de communiquer un
mouvement de rotation uniforme à un arbre
secondaire, on recourt à diverses solutions
suivant la position de l'arbre secondaire à
d'arbre principal de commande. Si ces arbres sont situés dans le prolongement l'un
de l'autre, on les associe par un manchon
d'accouplement rigide, ou par deux plateaux reliés l'un à l'autre par différents
procédés assurant une certaine élasticité à
la liaison. Tels sont les manchons Raffard,
Snyers, etc. Quand les arbres sont parallèles, on les commande par courroies plates,
avec ou sans galet tendeur (Lénix de Le-
mepveu), par chaînes Galle ou par engrenages droits. S'ils font ensemble un angle
droit, on peut faire appel aux engrenages
coniques ou à la vis sans fin, s'ils se croisent aux engrenages hyperboliques. Les
crémaillères, excentriques et cames sont
plutôt des transformateurs de mouvement.

On est obligé de recourir à des organes particuliers lorsqu'il s'agit de transmettre des mouvements non plus uniformes, mais intermittents ou variés avec des vitesses changeant à intervalles déterminés. Voici les solutions les plus usitées pour répondre aux différents problèmes qui se posent dans la pratique.

Dans un harnais d'engrenages droits ordinaires, les vitesses angulaires des deux roues sont dans le rapport inverse de leurs diamètres relatifs, comme les arcs de circonférence avec les angles correspondants décrits par les centres de rotation. Lorsqu'on a besoin d'un mouvement angulaire ou linéaire varié, par un organe animé d'un mouvement angulaire uniforme, on fait usage de roues dont le contour, au lieu d'être circulaire, présente en tout ou en partie des courbures excentrées par rapport au centre de rotation. On peut, en effet, imaginer deux roues plus ou moins ovalisées et capables cependant de s'entraîner régulièrement l'une l'autre. Il leur suffit de satisfaire constamment à cette condition que, dans le mouvement, tout en maintenant la tangence des contours primitifs, la distance des centres fixés de rotation demeure uniformément constante. De cette façon, si l'axe de l'une des roues est animé d'une vitesse angulaire régulière et constante, la vitesse de l'autre axe variera au contraire comme le rapport des rayons différents qui passeront successivement sur la ligne des centres. Partant de cette donnée, on peut combiner diverses formes de roues d'engrenages : elliptiques, en forme de cœur, carrées, etc., suivant le résultat à obtenir.

Les figures qui suivent permettront de se rendre compte de quelques combinaisons mécaniques pour la transmission de mouvements variés.

Dans la fig. 33, un mouvement rectiligne alternatif du levier attaché à la roue-disque produit un mouvement rotatif intermittent de la roue dentée par l'intermédiaire du cliquet attaché à cette même roue. Ce mouvement peut être renversé en rejetant le cliquet de l'autre côté, tel que cela a lieu notamment dans les machines à raboter.

Dans la fig. 42, la rotation des deux roues d'engrenage pourvues de manivelles réunies par un balancier, produit un mouvement alternatif varié que la tige horizontale est chargée de transmettre. La fig. 37 montre un exemple de l'application des engrenages elliptiques combinés avec un pignon cylindrique. On obtient par cet agencement un mouvement circulaire uniforme. Le pe-

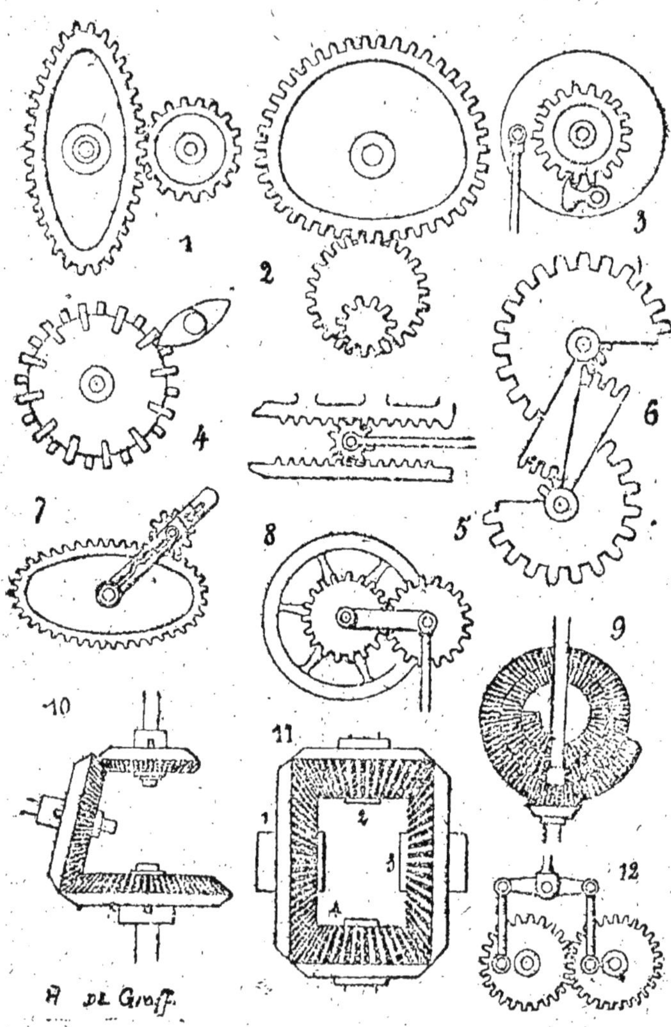

Fig. 31 à 42. — Différents systèmes de transmission
de mouvement par engrenages.

tit pignon denté se meut dans une coulisse pratiquée dans la barre qui tourne librement sur l'axe de la roue elliptique. Les coussinets de l'axe du pignon sont attachés à un ressort qui tient celui-ci engagé. La rainure de la tige permet à la distance des centres des deux roues de varier pendant la course.

La fig. 36 donne l'indication d'un moyen propre à transformer un mouvement circulaire uniforme pendant une partie de la rotation des roues en un autre dans lequel ce mouvement est uniforme pendant une partie de la course et varie pendant l'autre. Enfin la fig. 38 représente une forme particulière de roue conduite par un pignon ne possédant que deux dents, sorte de came double engrenant avec deux séries distinctes de dents placées sur les deux faces de la roue, les dents d'une face alternant en position avec celles de l'autre.

Dans la planche de la page précédente (fig. 31 à 42) : 1. est un engrenage elliptique commandant un engrenage cylindrique ; 2. sont des engrenages demi-cylindriques ; 3. roue à balancier ; 4. double-came ou pignon à deux dents ; 5. crémaillère ; 6. mouvement varié ; 7. pignon cylindrique avec roue elliptique ; 8. planétaire Watt ; 9. engrenage en spirale avec pignon mécanique ; 10. 12. mouvements variés ; 11. train épicycloïdal sphérique ou *différentiel*.

La fig. 40 indique un procédé pour obtenir deux vitesses différentes sur un même arbre par l'intermédiaire d'un seul pignon de commande actionnant à volonté l'une ou l'autre des deux roues dentées horizontales et d'inégal diamètre montées sur l'arbre. La fig. 43 représente une roue à chevilles avec pignons à encoches au moyen

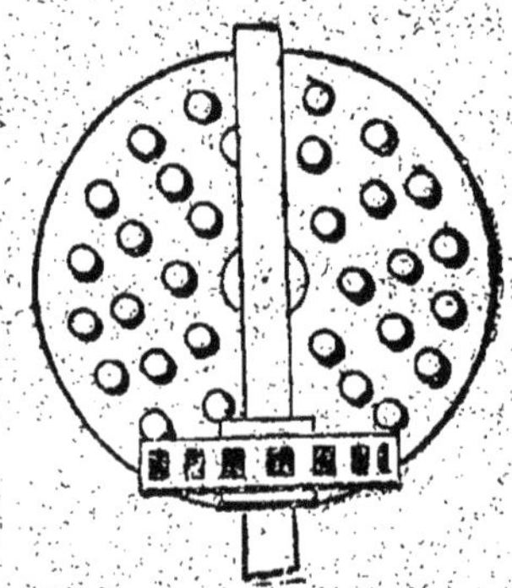

Fig. 43

Roue à chevilles
et pignon à encoches.

de laquelle on peut obtenir à volonté trois vitesses différentes. Il y a, en effet, trois rangées de chevilles équidistantes à la surface du plateau, et en changeant le pignon de place le long de son arbre, on le met en

contact avec l'un ou l'autre des cercles de
chevilles ; un mouvement circulaire contenu permet donc d'obtenir trois change-
ments de vitesses différents. Enfin, la fig. 44
donne la vue de deux engrenages droits, à

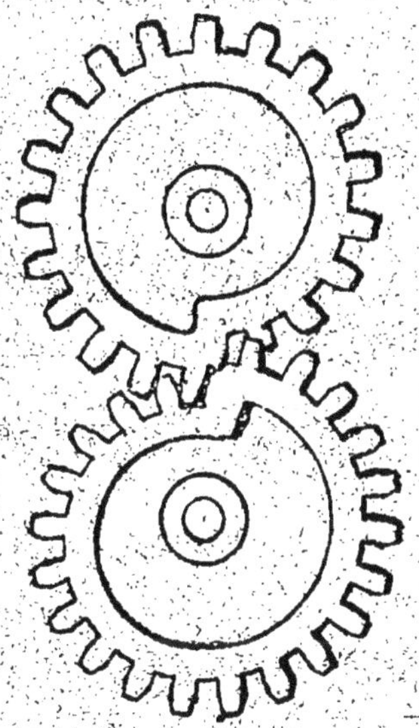

Fig. 44

Engrenages droits
hélicoïdaux à vitess
croissante

dentures hélicoïdales donnant une vitesse
graduellement croissante pour revenir ensuite à un minimum. Tels sont les systèmes de transmission les plus usités et
qu'il est au moins intéressant de connaître
quand on veut s'occuper de mécanique.

CHAPITRE III

L'OUTILLAGE DU MÉCANICIEN

La première préoccupation de l'amateur désirant entreprendre la construction d'un appareil quelconque, doit être de s'outiller en vue des travaux à effectuer. Suivant un vieux proverbe : « On ne fait rien avec rien ! » sans outils, la personne la plus habile de ses mains, l'amateur le plus adroit, est incapable de mener à bonne fin l'opération la plus simple. D'autre part, en notre siècle utilitaire, le temps est plus que jamais de l'argent, et les outils permettent de l'économiser, tout en fournissant des résultats plus parfaits et plus précis. Pour toutes ces raisons, le premier soin de l'amateur doit être de choisir les outils qui lui seront nécessaires afin d'exécuter convenablement et rapidement un travail quelconque. Or, pour édifier de ses mains un modèle d'appareil, dans la composition duquel il entre des métaux et du bois, et surtout pour le réussir, il faut être à la fois menuisier, tourneur, ajusteur, mécanicien, et savoir manœuvrer les outils de ces diverses professions. Il sera donc de la première nécessité avant de se risquer à commencer l'objet que l'on veut réaliser, de s'essayer sur des pièces sans valeur, et d'apprendre le maniement du rabot, de la varlope, de la scie, du drill et du foret pour le bois, de la lime et du burin, des crochets de tour, de la forge pour le fer et les métaux.

Il n'est pas nécessaire d'avoir toute une cargaison d'outils; il suffit, pour la plupart des travaux dont nous aurons à nous occuper au cours de ce livre, de se procurer un petit nombre d'outils répondant aux besoins usuels. Ainsi on peut dresser la liste suivante des pièces indispensables :

Marteaux.	Vilebrequin et assortiment de mèches.
Tenailles.	
Ciseau, gouge, bédane.	Petite boîte d'onglet, pot à colle forte.
Râpes, compas.	
Scie à découper.	Rabot.
Scie à chantourner.	Equerre, vrille.
Varlope.	Meule et pierre à aiguiser.

Un petit établi, avec mâchoire à vis et

valet, sera de la plus grande utilité; il permettra de dresser plus aisément les planchettes. On pourra le fixer au plancher d'une manière inébranlable au moyen d'équerres vissées à ses quatre pieds et dans le plancher. Il pourra être également retenu à la muraille de la même façon, c'est-à-dire au moyen de deux petites lames de fer coudées à angle droit et retenues par des vis.

Le travail des métaux entraîne la réunion d'un matériel complètement différent, pour façonner, détailler et réunir les différentes pièces d'une machine les unes aux autres. Voici la liste des outils dont l'usage est continuel :

Pinces plates.	Cisaille à métaux.
Pinces coupantes.	Fers à souder.
Grosse lime plate.	Niveau à bulle d'air.
Lime plate fine.	Scie à découper dite bocfil.
Tiers-point.	Petite enclume bigorne.
Tournevis.	Burins.
Filière et assortiment de tarauds.	Clé à écrous.
	Scie à métaux.
Drill et assortiment de forests	Etau et mordaches.

L'étau à agrafe pourra être fixé au rebord de l'établi, lorsqu'on aura à s'en servir pour maintenir la pièce à travailler; on le retirera lorsqu'on voudra raboter.

Le drill pourra être remplacé avec avantage par une petite machine à percer, dont il existe des modèles très simples et peu coûteux, à renvoi de mouvement par engrenages d'angle. On peut percer des trous jusqu'à 50 millimètres de profondeur et d'un diamètre de 8 millimètres, avec ces machines, qui sont plutôt des porte-forets perfectionnés.

Tout cet outillage peut être réuni à l'intérieur d'une boîte de dimensions restreintes qui trouvera sa place sous l'établi. Des tiroirs contiendront les petits objets non moins indispensables à l'exécution du travail, et tels que : pointes de diverses longueurs, vis à bois et à métaux, rivets, cavaliers, papier de verre et toile d'émeri de plusieurs numéros, étain pour souder, etc.

Une machine presque de première utilité pour l'amateur de mécanique est le tour à métaux. Malheureusement, le prix de la moindre machine de ce genre atteint à lui seul le prix total de tous les outils à main énumérés plus haut, aussi conseillerons-nous à l'amateur ne pouvant faire cette dépense de construire lui-même un tour, peut-être un peu rudimentaire, mais susceptible cependant de lui rendre des services que l'on peut attendre de ce genre de machine. Nous en parlerons un peu plus loin.

La liste des outils nécessaires au travail

des métaux ayant été donnée, nous nous bornerons à quelques indications sur la manière de s'en servir.

Les principales opérations à exécuter consistent à donner la forme que doivent avoir les pièces, puis à les réunir les unes aux autres. La préparation peut se faire, suivant la nature de ces pièces, soit à l'aide de la forge, soit par l'intermédiaire du fondeur, auquel on remet le modèle en bois à reproduire.

En possession de la pièce brute, il faut la travailler, d'abord la limer pour l'amener à ses dimensions exactes, puis la tarauder, l'aléser, la percer, la dresser, ce qui exige l'emploi des divers outils qui ont été énumérés.

L'outil, dont l'emploi est le plus constant, est la lime, aussi est-il nécessaire d'en posséder un assortiment complet, comprenant une grosse lime plate, une lime bâtarde, taillée sur trois côtés seulement, le quatrième permettant d'opérer dans un angle en n'attaquant qu'un des côtés, la demi-ronde, qui a une de ses faces dressées suivant un arc de cercle, le tiers-point ou trois-quarts, dont la section est triangulaire, la queue-de-rat, cylindrique et pointue à son extrémité, la coutelle mince, et la sciotte qui n'est taillée que sur l'épaisseur. Ces diverses limes sont à taille demi-douce ou douce. C'est avec leur aide que l'on enlève l'excédent de matière et que l'on donne à une pièce forgée ses dimensions définitives. La lime sert à achever la besogne qui a été ébauchée au bédane et au burin. Une surface burinée convenablement ne doit laisser que peu d'ouvrage à la lime. De tous les outils à main, c'est le plus important et le plus difficile à bien manier.

Sa forme et sa grandeur, ainsi que la force de sa taille, varient suivant les usages auxquels on le destine.

Une lime consiste en un barreau d'acier trempé, dont les parties destinées au travail, sont couvertes de dents d'une construction variable avec la nature de la surface qu'il s'agit d'attaquer.

Les matières à limer peuvent, par rapport à l'outil, être en effet, dures, tendres, sèches, savonneuses, etc.

La construction de la denture ou taille varie aussi en raison de l'aire de la surface sur laquelle la lime doit travailler.

La taille ordinaire répond à la généralité des usages et à la fonte de fer. Elle donne le maximum de rendement quand on l'emploie pour limer divers métaux dans l'ordre suivant : 1° Le cuivre; 2° la fonte; 3° le fer; 4° l'acier; en admettant toutefois que la croûte ait été enlevée au préalable et le métal mis bien à vif.

Taille pour le cuivre. — On peut disposer la taille de manière à ce qu'elle morde profondément ou, comme on dit, à ce qu'elle s'engage beaucoup.

Les dents sont alors moins solides, ce qui n'a pas une grande importance pour le cuivre et les alliages. Par suite, la meilleure lime pour le cuivre est la plus mauvaise pour l'acier, à cause de la dureté de ce dernier métal.

Taille pour le fer. — La lime s'engage moins, les dents se rencontrent à la base, afin de s'étayer mutuellement et de se consolider les unes les autres.

La surface des points attaqués est moindre que dans la taille au cuivre.

Taille pour l'acier. — La lime n'a d'action que par une série de pointes étroites et peu saillantes; il y a peu de matière attaquée à la fois. Les dents sont nombreuses et très fortement appuyées les unes sur les autres, sur environ la moitié de leur hauteur. Cette taille est la plus solide de toutes.

Telles sont les quatre tailles auxquelles il est possible de ramener toutes les autres.

On les fait de grosseurs variables, c'est ce

qui constitue le grain. Pour les métaux, les grains ordinairement employés sont :
1° Grain rude ou au paquet; 2° Grain bâtard; 3° Grain demi-doux; 4° Grain doux; 5° Grain très doux.

D'ordinaire, les limes sont à double taille, cependant pour les travaux spéciaux, on emploie les limes à simple taille, par exemple pour l'affûtage des scies à bois. Les scies à métaux sont affûtées avec des limes spéciales à deux tailles, combinées de manière à ne pas laisser de bavures, tout en conservant de nombreux points d'attaque.

Elles doivent être en acier d'excellente qualité, puisqu'elles sont destinées à travailler sur des métaux trempés.

Les formes employées couramment sont indiquées dans le tableau suivant :

1° Plates pointues, demi-rondes et rondes, de une au paquet;

2° Plates pointues, demi-rondes et rondes, des deux au paquet;

3° Plates pointues, demi-rondes et rondes, des trois au paquet;

4° Plates à main à côtés parallèles;

5° Plates, pointues à côtés non parallèles.

6° Cylindriques ou à côtés parallèles deux à deux;

7° Demi-rondes pointues et demi-rondes cylindriques;

8° Rondes pointues et rondes cylindriques;

9° Triangulaires pointues et triangulaires cylindriques;

10° Carrées pointues et carrées cylindriques;

11° Côtés ronds plats ou côtés ronds angulaires;

12° Feuilles de sauge;

13° Ovales ou olives, pour scies;

14° Barboche, c'est-à-dire une demi-ronde dont l'épaisseur excède le rayon pour scies;

15° Dards ou triangulaires aplatis, la section est un triangle isocèle, pour scies;

16° A couteau;

17° A pignon ou à double couteau;

18° Pilier, c'est une plate à main étroite, fort employée dans la précision;

19° Entrée, c'est une lime d'un ouvrage fréquent chez les serruriers.

Chacune de ces limes se fabrique à des longueurs variables qui peuvent être échelonnées en général de 10, de 20 ou de 25 millimètres de la manière suivante : 50, 47, 45, 43, 40, 37, 35, 32, 30 et 27 centimètres; puis 24, 22, 20, 18, 16 et 14 centimètres; enfin 12, 11, 10, 9 et 8 centimètres et moins au besoin.

Les limes de très fortes dimensions se font au poids. Celles au paquet se désignent par 7/4, 8/4, 9/4; le quart étant de 1/8 de kilogramme ou 125 grammes. Les paquets peuvent contenir une, deux ou trois limes et constituent ainsi l'unité à laquelle est applicable le prix du paquet.

Qualités de la lime. — Une lime doit être droite, d'un grain égal et régulier, sans gerces et bien trempée. On en fait avec diverses qualités d'acier et même en fer cementé. Il convient de choisir les meilleures limes, elles coûtent plus cher, mais leur rendement donne un prix de revient minimum quand on les compare aux limes de qualités secondaires ou inférieures.

Manche de la lime. — Les manches de limes se font le plus souvent en frêne avec viroles en fer. Les viroles en cuivre sont préférables parce qu'elles ne risquent pas de marquer les pièces en œuvre quand il survient un choc accidentel.

On les mandrine sur le tour pour les percer d'un trou conique, jusqu'aux deux tiers de leur longueur, afin que la soie de la lime puisse trouver sa place aisément sous l'influence de quèlques légers chocs.

La lime une fois emmanchée, doit être dans l'axe même du manche pour fournir un maniement commode, régulier et peu fatiguant.

Il est nécessaire de soigner leurs dimensions, car un bon manche, bien fait, bien proportionné, épargne beaucoup de peine à l'ouvrier.

Le grand art du limeur consiste à **savoir** produire des surfaces parfaitement planes. Il ne faut pas conduire la lime droit devant soi, mais l'obliquer de droite à gauche en recoupant les saillies. Par ce moyen, la lime acquiert plus de mordant et ne broute pas le métal. Il ne faut pas plus appuyer de la main qui guide le bout de la lime que sur celle qui tient la poignée, autrement, au lieu d'obtenir une surface plane, on ne produirait qu'une surface inclinée du côté où l'on aurait appuyé davantage.

On vérifie l'horizontalité parfaite d'une surface à l'aide de l'équerre et du niveau d'eau à bulle d'air.

Les objets à limer sont maintenus entre les mâchoires d'un étau fixé par une vis

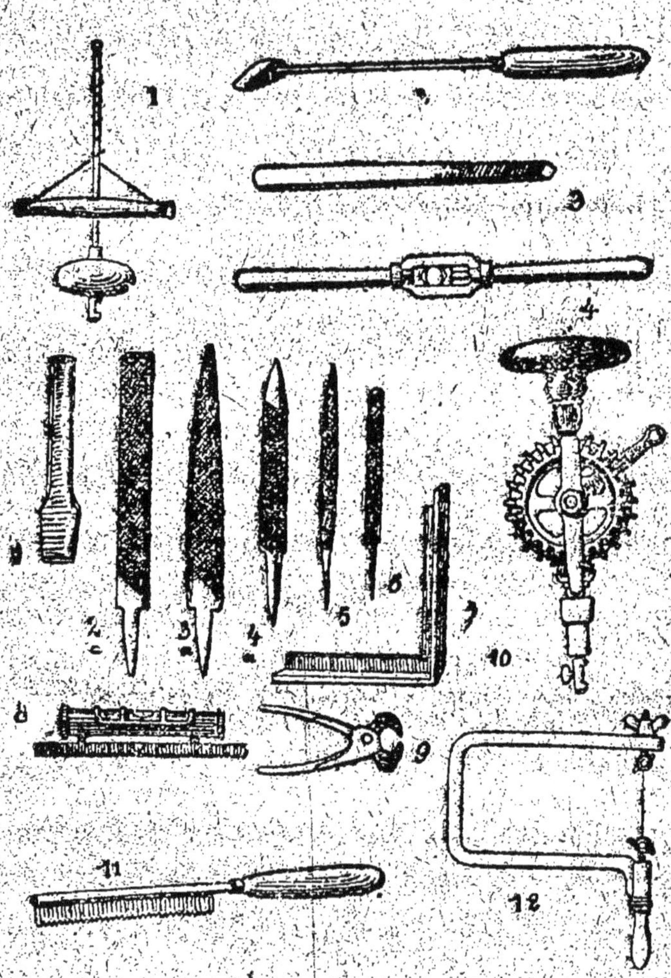

Fig. 45 à 57. — Outils du mécanicien.

1 Drill ; 2 Fer à souder ; 3 Alésoir ; 4 Filière à coussinets ;
4 à 6 Limes ; 7 Equerre ; 8 Niveau ; 9 Tenailles ;
10 Porte-Foret ; 11 Scie à métaux ; 12 Bocfil (scie à
découper à main).

de pression au rebord de l'établi. L'étau à mâchoires parallèles, plus coûteux que l'étau à agrafe ordinaire, dit d'horloger, lui est toutefois très supérieur, car ses mâchoires appuient normalement et sur toute la hauteur de leur surface, sur les objets à serrer et qu'il maintient ainsi beaucoup plus énergiquement.

Lorsqu'on aura à détailler, à découper des pièces dans une plaque de plus grande dimension, on utilisera soit une scie à métaux, soit un bocfil. La première peut se faire avec un bout de lame de scie à bois à denture très fine, mesurant 20 centimètres de longueur sur 3 ou 4 de largeur, et *trempée à fort*, c'est-à-dire un peu dur. On prend, d'autre part, une petite lame de tôle douce de 0^m25 de long, 0^m02 de large et de 1 millimètre d'épaisseur. On courbe cette lame en deux dans l'étau, puis à l'aide du marteau on l'aplatit de façon à obtenir une lame de même longueur, d'épaisseur double et de largeur moitié moindre. Lorsque les deux côtés sont près de se toucher, on y introduit le bout de la lame de scie et on termine l'aplatissement à coup de marteau, l'ensemble étant posé sur l'enclume.

La lame se trouve ainsi encastrée dans

une carcasse rigide qui la maintient. L'extrémité de la tôle dépassant la lame est taillée en pointe à la lime et cette partie est en-
foncée à force dans un manche en bois
ordinaire qui donne une grande commodité
pour manier l'outil. Avec cette scie, on peut
couper avec la plus grande facilité le cuivre, le laiton, le zinc, l'aluminium; il est
plus difficile de débiter le fer, et on est
obligé de l'affûter fréquemment avec un
tiers-point très fin. Il est à remarquer que,
pour bien couper, une scie à métaux doit
avoir ce que l'on appelle de la voie, c'est-
à-dire que la lame doit être légèrement plus
épaisse du côté des dents que de l'autre. On
donne de la voie à une scie en frappant
doucement sur les dents avec un petit marteau avant de les limer; la pointe des dents,
en s'aplatissant, devient ainsi un peu plus
large. La scie, dont le montage vient d'être
décrit est fort utile pour débiter les métaux,
mais elle n'est pas aussi précise que le bocfil à denture très fine qui fait un trait de
peu de largeur.

Pour percer des trous dans les métaux,
l'outil le plus simple est le drill à vis héli-
coïde, mais il ne peut servir que pour de
forts petits trous, ce qui limite son emploi.
Le porte-foret à archet est déjà préférable,
car il permet de creuser des trous à 3 ou

4 millimètres de diamètre; toutefois, son maniement est assez peu commode et ne permet guère de forer que dans le sens horizontal. Le porte-foret à engrenages ou machine à percer simplifiée, est très supérieur à tous les égards, et fournit, avec beaucoup de commodité, les résultats les meilleurs. Dans le système de foret, avec ses transmissions, est mobile le long d'une tige verticale, ce qui permet de placer l'outil travaillant juste à la hauteur voulue; il est ensuite arrêté en place au moyen d'une vis de pression. L'objet à percer est placé sur un plateau en fonte bien horizontal, qui peut s'élever ou s'abaisser à volonté, au moyen d'un levier. La main gauche tenant l'objet, le bras appuie sur le levier et exerce telle pression qu'on le désire. La main droite fait tourner l'engrenage de la commande à l'aide d'une manivelle. Toute la machine se fixe avec la plus grande facilité sur une table avec deux vis et une clavette de serrage.

La machine à percer est animée d'un mouvement circulaire continu, alors que le drill et le porte-foret ont un mouvement circulaire alternatif, c'est-à-dire s'effectuant tantôt dans un sens et tantôt dans le sens opposé. Il en résulte que les forets à employer pour le travail ne doivent pas être taillés de la même façon dans les deux cas. Pour le drill et le porte-foret, la lame travaillante doit couper des deux côtés et être, par suite, taillée en biseau sur les deux

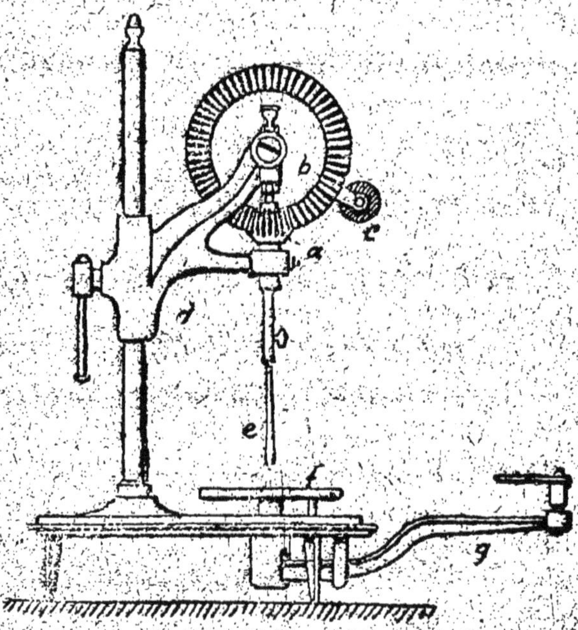

Fig. 58. — Petite machine à percer.

faces; pour la machine il ne doit être taillé que sur une seule face. Le prix des forets étant relativement peu élevé, il sera préférable d'en acheter un assortiment de six ou

douze, avec une ou deux mèches améri-
caines en hélice, qui travaillent rapidement
et font des trous parfaitement cylindriques,
plutôt que de les forger et de les tremper
soi-même. On fera une grande économie
de temps et de travail.

Si nous arrivons maintenant à la ques-
tion de la jonction des pièces de métal, nous
dirons qu'il existe trois procédés pour opérer cette jonction : la soudure, la rivure et
les vis à boulons. Disons un mot de ces
trois moyens.

Soudure. — Réunir deux pièces par une
soudure paraît constituer une opération fort
simple à première vue; en réalité, la chose
n'est pas si aisée et on fera bien de s'exer-
cer de réaliser une soudure de quelque importance.

L'amateur aura le plus souvent à faire
des soudures dites à l'*étain*. L'alliage généralement employé à cet effet se compose de
deux tiers d'étain pour un tiers seulement
de plomb, toutefois ces proportions ne sont
pas absolues, et on prendra une soudure
d'autant plus riche en étain qu'on la voudra plus fusible.

Il existe quatre procédés pour souder les
métaux qui s'emploient suivant qu'il s'agit
de réunir des métaux semblables ou des

métaux hétérogènes. Ces procédés sont le
fer à souder, la lampe de gazier, le chalumeau et le brûleur Bunsen.

Pour souder au fer, on se procure tout
d'abord un fer à souder de dimensions
moyennes, des baguettes de soudure au titre
convenable, un morceau de sel ammoniac
pour nettoyer le bloc de cuivre rouge constituant la partie travaillante du fer à souder, et du chlorure de zinc, ou esprit de sel
décomposé, suivant l'appellation des ou-
vriers, pour décaper le métal.

Le premier soin à prendre, lorsqu'on veut
réussir une soudure, qu'il s'agisse de cuivre, de zinc ou de fer blanc, consiste à nettoyer à fond, à la lime puis au papier de
verre, les parties qui doivent être mises en
contact intime. On perdrait son temps à
vouloir essayer de souder des métaux im-
parfaitement nettoyés, décapés et dégrais-
sés.

On fait chauffer le fer dans un foyer
quelconque; lorsqu'il est au rouge sombre,
on le retire et on le frotte d'abord sur le
morceau de sel ammoniac, puis sur la soudure, jusqu'à ce que le bec du fer se trouve
parfaitement étamé; à l'aide d'un pinceau,
ou, mieux, d'un bout de gros fil de cuivre,
on étale quelques gouttes de chlorure de

zinc sur les parties que l'on veut souder, On reprend alors, avec le fer bien chaud, quelques gouttes de soudure que l'on étale en frottant le fer sur la partie à souder. On maintient le contact en appuyant légèrement jusqu'à ce que l'étain en se solidifiant réunisse les deux pièces en contact. On ajoute du chlorure de zinc pour obtenir une bonne adhérence, et il ne faut pas craindre d'en remettre.

La pièce étant soudée d'une manière inébranlable, il est bon de la passer dans l'eau claire, afin d'enlever l'excès de chlorure de zinc que, sans cette précaution, pourrait corroder à la longue l'objet soudé. Il n'est pas besoin, il faut le remarquer, de mettre de la soudure en excès; il suffit d'opérer une liaison solide, autrement on ferait des bosses et des coulures d'un aspect fort disgracieux. Il faudra même limer la soudure terminée pour lui donner une apparence plus régulière.

Parfois, au lieu de chlorure de zinc, on se sert de résine ordinaire, lorsqu'il s'agit, par exemple, de souder les fils très fins des bobines d'induction. Dans ce cas, le moindre excès de chlorure de zinc, la moindre trace échappant au lavage entraînerait en peu de temps la rupture du fil par oxydation, tandis qu'un excès de résine forme un enduit protecteur.

Quand une soudure ne peut-être exécutée au moyen du fer, on a recours au bec Bunsen, qui donne une flamme très chaude et ne noircissant pas les objets. La chaleur est plus élevée et peut être mieux répartie, si bien que la soudure s'étale toujours et adhère beaucoup mieux au métal. C'est pourquoi, il est souvent préférable de recourir au brûleur Bunsen, plutôt qu'au fer ou à la lampe à souder, surtout quand il s'agit de pièces de faibles dimensions à réunir, mais on ne peut le faire, bien entendu, que lorsqu'on dispose de gaz d'éclairage ou d'acétylène pour alimenter le bec.

Dans quelques cas assez rares, on aura besoin de souder de petites pièces plus solidement qu'à l'étain, et dans ce cas, on emploiera la soudure à l'alliage fusible ou bien celle dite à l'argent. Il faut alors un chalumeau alimenté d'air ordinaire que l'on souffle soit avec la bouche soit avec un soufflet mû au pied; comme source de chaleur, une simple bougie peut suffire, bien qu'un brûleur à gaz soit préférable. Après avoir garni les pièces à souder d'un peu de borax en poudre et d'un fragment de soudure (alliage ou argent pur), on dirige dessus, en aspirant l'air avec les narines et en le re-

foulant avec la bouche, le dard du chalumeau, dont la pointe est placée dans la
flamme, et ce jusqu'à ce que le métal entre
en fusion et coule entre les surfaces à réunir.

Quelques métaux, le fer et l'acier entre
autres, peuvent se souder à eux-mêmes
lorsqu'ils sont portés à une température
convenable; cette sorte de soudure sans intermédiaire est désignée sous le nom de
soudure autogène. C'est ainsi que se sou-
dent les plaques de plomb entrant dans la
composition des accumulateurs, au moyen
du chalumeau à oxy-hydrogène purs, ou
oxy-acétylénique. Le fer et l'acier exigent
une température très élevée, que seul peut
donner un violent feu de forge, et qui est
dite du *blanc soudant;* la réunion des pièces à souder s'opère par un martelage convenable.

Brasure. — Lorsqu'une pièce de fer, plus
ou moins ouvragée vient à se rompre, on
ne peut souder ensemble les morceaux, car
la chaude et le martelage les déformeraient,
l'ouvrier les réunit alors par une brasure.

En général, braser deux pièces de métal,
c'est les réunir par la fusion d'un métal ou
d'un alliage plus fusible; cet intermédiaire
auquel on a recours porte d'ailleurs le nom
de soudure, et l'on donne souvent le même

nom à l'opération elle-même, ce qui, pour le fer et l'acier, expose à la confondre avec la soudure faite au blanc soudant.

Quels que soient les métaux à réunir, pour qu'une brasure réussisse, il faut, avant tout, que les surfaces à braser ne soient ni oxydées ni salies d'une manière quelconque. Au besoin donc, le fer, l'acier ou le cuivre sont nettoyés proprement à la lime, tandis que des métaux plus mous, tels que l'étain, le plom et le zinc, peuvent être raclés au couteau et quelques-uns décapés avec des acides. Il faut, en outre, opérer la brasure à l'abri du contact de l'air, afin d'éviter l'oxydation des surfaces à réunir; c'est pour ce motif qu'avant d'opérer, on recouvre celle-ci de borax ou de colophane, suif, etc., ou de chlorure de zin obtenu en mettant quelques rognures de zinc dans une capsule de terre contenant de l'acide chlorhydrique. Il faut, on le comprend, que la brasure ait assez d'étendue pour que l'alliage qui se forme donne un joint suffisamment résistant. La nature des soudures varie d'ailleurs, ainsi que nous l'avons vu avec les métaux à braser.

Le fer et l'acier se brasent avec le cuivre ou le laiton; pour les métaux plus fusibles, on emploie généralement des soudures composées d'étain et de plomb, soudures dont la fusibilité varie en sens inverse de la quantité de plomb qu'elles renferment.

Le plus souvent on emploie des fers à souder que l'on porte à une température suffisamment élevée; dans d'autres cas, on fait usage d'un chalumeau ou d'une lampe à vapeur d'alcool.

Pour braser ensemble deux pièces de **fer** ou d'acier, on rapproche d'abord les morceaux et on les maintient l'un contre l'autre avec du fil de fer ou par quelque autre moyen; on humecte ensuite la soudure (cuivre ou laiton), réduite en copeaux et presque pulvérulente, avec une pâte formée de borax en poudre et d'eau, et on applique le mélange sur le joint; finalement, les parties à braser sont présentées à l'action du feu de forge ou à la flamme du chalumeau jusqu'à ce que la soudure fonde. Celle-ci coule alors dans le joint et opère la réunion des deux pièces; on retire aussitôt du feu, et, après avoir laissé refroidir, il ne reste plus qu'à nettoyer à la lime toutes les bavures et parties de soudure adhérentes au métal en dehors du joint.

Pour les fortes pièces, au lieu de braser à nu comme on vient de le dire, l'ouvrier enveloppe les bouts à joindre et la soudure

qui les recouvre d'une espèce de manchon
en mortier de terre glaise; dès que la terre
est rouge, il tourne doucement pour égaliser
la chaude et retirer du feu quand il se dé-
gage une flamme bleu violet annonçant la
fusion de la soudure. Quel que soit au sur-
plus le procédé suivi, un joint brasé ne présente jamais la solidité d'un joint soudé au
blanc soudant.

Forge. — Le travail du mécanicien se divise en deux parties qu'il doit connaître
parfaitement sous peine d'être incomplet :
c'est la forge et l'ajustage, comprenant le
travail à l'étau et la conduite des machines-
outils. Un parfait mécanicien doit être for-
geron et ajusteur, et l'amateur doit réunir
ces deux qualités.

L'outillage de la forge se compose : en
premier lieu, de la forge avec son soufflet, de
l'enclume avec son assortiment de marteaux et de masses, puis des pinces outils à
main, pinces à mors plat ou coupantes, tenailles, tisonniers, broches chasse-rondes,
carrées et à biseau, mandrins, étampes,
tranchets, perçoirs et ciseaux à froid ou bu-
rins.

A moins d'un cas spécial, l'amateur
n'aura pas à sa disposition de forge maréchale, aussi lui conseillons-nous d'utiliser

de préférence le modèle de forge portative tel qu'on en trouve maintenant dans le commerce. Ces forges lui donneront pleine satisfaction et il en pourra choisir de la grandeur et de la disposition qu'il voudra, suivant le travail en vue. Ces forges s'alimentent de *houille maréchale*, variété de charbon grasse et collante qui établit en s'agglutinant par la combustion une voûte très favorable pour concentrer la chaleur. Avant la *chaude*, on détache de la voûte les parties les plus calcinées pour former le fond du foyer sur lequel on place le fer à chauffer au-dessus de la tuyère amenant l'air, de telle façon que celui-ci traverse le charbon enflammé, puis se réfléchit sur la voûte avant de venir en contact avec le métal qu'il n'oxyde plus que faiblement.

Le fer étant ainsi chauffé, se travaille sur l'enclume. On lui donne toutes les formes voulues sur les bigornes à l'aide des outils cités plus haut.

Construction d'un tour. — Un tour se compose essentiellement de quatre pièces distinctes : 1° La poupée mobile; 2° La contre-pointe; 3° Le support de l'outil; 4° Le mécanisme moteur.

Dans le tour, la pièce à tourner se trouve placée entre deux pointes fixes. La seconde pointe peut se rapprocher ou s'éloigner de la première, suivant la longueur de la pièce à travailler.

Le tour à pointes est simple à établir : deux jumelles en bois parallèles sont supportées à leurs extrémités par deux pieds, formant le banc du tour. Les pièces de bois qui supportent les pointes sont appelées poupées; ce sont des billes de bois carrées, terminées par un tenon à double arrasement, qui pénètre entre deux jumelles, les dépasse en dessous et porte à sa partie inférieure une mortaise transversale dans la-

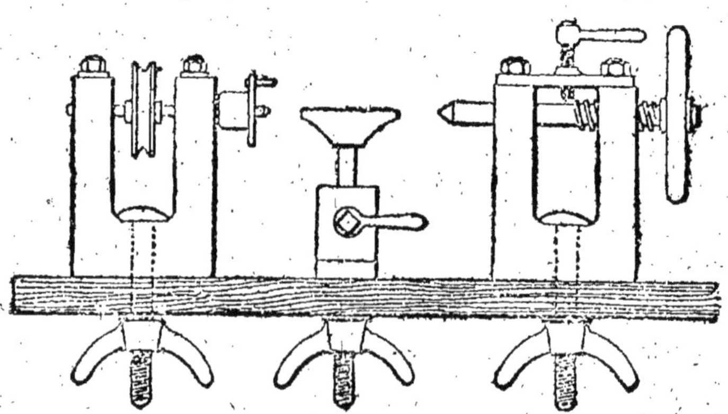

Nig. 59. — Tour d'amateur.

quelle on passe une clef en bois qu'on chasse à coups de masse pour faire appuyer fortement la poupée sur les jumelles. Les pointes sont fixées à 3 centimètres au-dessus du banc, pour un tour de moyenne grandeur, et à 1 centimètre environ du sommet de la poupée. D'ordinaire, la pointe de gauche est immobile ainsi que la poupée, et la pointe de droite de la poupée mobile est une vis pointue, vissée dans cette poupée, qu'elle peut dépasser de 1 centimètre du côté de la première pointe.

Il faut, maintenant donner au tourneur un appui solide sur lequel il puisse poser son outil afin d'attaquer la pièce fixée entre les pointes. Cet appui s'appelle *support à chaise*, et se compose de trois parties : la *semelle*, la *chaise* et la *cale*.

La semelle est une planche de trois à quatre centimètres d'épaisseur sur quatorze de largeur, et de longueur variable suivant la force du tour. Elle porte dans une partie de sa longueur une ouverture longitudinale, large de trois centimètres, destinée à recevoir le collet d'un boulon dont la tête carrée sera noyée dans deux feuillures pratiquées le long des côtés de l'ouverture et en dessous,—le boulon passe entre les jumelles, traverse une forte barre en bois au-dessous de laquelle est un écrou à oreilles avec lequel on opère la pression et la fixation de

la semelle sur l'établi. On comprend facilement qu'en desserrant le boulon on peut
faire glisser la semelle dans un sens per-
pendiculaire à la ligne des pointes et même
l'incliner par rapport à cette ligne : on peut
aussi la faire marcher le long des jumelles
et la placer par conséquent dans la position
convenable par rapport à la pièce à tourner.

La chaise est un morceau de bois en forme
d'équerre, appuyant sur des branches horizontales sur la semelle à laquelle elle est
fixée par un boulon. Ce boulon, taraudé à sa
partie inférieure, s'engage dans un écrou
noyé au-dessous de la semelle; il se termine
à sa partie supérieure par une forte tête
percée de deux trous en croix dans lesquels
on introduit la queue d'une clef pour serrer
la chaise sur la semelle, quand on a fait
tourner de la quantité convenable cette
chaise autour du boulon.

La cale est une planche épaisse de métal
ou de bois dur qu'on attache devant la branche verticale ou le dossier de la chaise au
moyen d'un écrou en T. Cette cale n'a par
le bas que la largeur du dos de la chaise;
dans le haut elle s'élargit et est terminée par
deux pointes; c'est sur la partie supérieure
de cette cale que l'on appuie l'outil. Pour
que la cale puisse être haussée ou baissée

à volonté, le trou qu'on y pratique pour laisser passer le T n'est pas rond, mais allongé dans le sens vertical.

On communique à la pièce à tourner un mouvement soit circulaire alternatif, soit circulaire continu; dans le premier cas, c'est au moyen d'une corde qui fait plusieurs fois le tour de la pièce et que deux hommes tournent alternativement ; d'autres fois, et c'est même le cas le plus fréquent, la corde s'attache à l'extrémité d'une perche élastique fixée par l'autre bout au plafond de l'atelier, descend verticalement en faisant plusieurs fois le tour de la pièce, à tourner, continue ensuite à descendre et s'attache à un levier nommé *pédale*. Ce levier peut osciller autour d'un point fixe. Le tourneur place le pied sur la pédale, et, pendant qu'elle descend, il attaque sa pièce avec l'outil; quand il relève le pied, l'élasticité de la perche fait remonter la pédale et tourner la pièce en sens contraire.

Cette seconde espèce de tour à pointes peut se transformer en tour en l'air en supprimant la seconde pointe et en plaçant la pièce à l'extrémité de l'arbre mobile, on peut alors l'attaquer de tous côtés, excepté par le point d'attache.

Ce système est simple, mais entraîne une perte de temps considérable, puisque le travail est discontinu en occasionnant en outre de fortes vibrations dues à l'action intermittente de l'outil. Il est de beaucoup préférable d'enrouler la corde sur une poulie fixée à la pièce à tourner, et sur une seconde poulie plus grande mise en mouvement, soit par le pied du tourneur, au moyen d'une pédale, soit par un manœuvre quand l'effort à produire est peu considérable.

Outillage. — Les outils employés pour tourner le bois sont principalement la gouge, le ciseau et le bédane.

Ces outils sont de dimensions très variées, appropriées aux différents travaux pour lesquels ils doivent être employés.

La *grosse gouge* (grosse relativement à la pièce en œuvre), est un outil demi-cylindrique affûté à son extrémité; elle sert à dégrossir les contours raboteux que la hache ou la plane n'ont pu faire disparaître.

Le *ciseau* ou *fermoir*, outil dont le tranchant est formé par la rencontre de deux biseaux, s'emploie pour les surfaces unies ou cylindriques.

Pour les bois très durs, tels que le gayac, le buis, l'ébène, comme pour la corne, le buffle, l'os et l'ivoire, etc., on se sert encore du *grain d'orge*, sorte d'outil semblable au burin du graveur et qui, principalement pour dégrossir, rend de grands services, surtout dans le voisinage des moulures à vis arête, où l'intervention téméraire de la gouge pourrait causer quelque malheur irréparable.

Un mince plateau, destiné, par exemple, à un dessus de guéridon, est monté sur un mandrin plat vissé sur l'arbre de tour, et fixé dessus à l'aide d'une espèce de mastic, dit « *mastic de tourneur* », composé de résine, de blanc d'Espagne et de suif. Le grain d'orge est alors amplement employé, surtout pour le découpage net de la circonférence.

Les plateaux d'un diamètre beaucoup moindre, dont on veut faire des pieds de flambeaux, des patères et autres choses semblables, admettant un trou au centre, sont montés sur un mandrin armé d'une petite vis conique à pas profond et acéré qu'on appelle : *queue de cochon*. Toutes les fois que le centre doit rester intact, on fait usage de mastic de tourneur.

Un mandrin creux, dans lequel on enfonce la pièce de bois à coups de marteau, est employé pour façonner une coupe, une sébile, un égrugeoir ; en un mot tout objet qu'il s'agit de creuser; il en est de même pour tous les objets qui doivent avoir une forme circulaire.

Travail du tour. — Rien n'est plus facile que de monter une pièce sur un tour à pointes.

Supposons qu'on veuille façonner une colonne de buffet, ou un pied de table, de chaise, etc., en un mot une pièce de bois longue, pleine et cylindrique : on scie d'abord le morceau de bois à la longueur convenable, puis on le dégrossit à la hache ou à la plane, selon son volume et sa nature.

Si la pièce est droite, il y a peu de déchet, si elle est courbe il faudra enlever beaucoup de bois.

Ces préparatifs terminés, on la monte sur le tour : la tête sur l'arbre de tour, l'autre bout sur une pointe fixée, également en acier, vissée dans la poupée mobile qu'on a placé à la distance requise. On trace aux deux extrémités deux cercles, égaux en diamètre à la pièce que l'on veut obtenir, on place les centres de ces cercles de manière à ce que la ligne qui les joint ne s'approche jamais de la surface de la pièce en aucun point de plus près que le rayon définitif. Il faut beaucoup d'habitude pour arriver à remplir promptement cette condition. On enfonce alors les centres avec une pointe de fer conique et on fait entrer dans les deux trous ainsi obtenus dans les pointes du tour qu'on humecte d'huile pour adoucir les frottements, on serre les pointes assez pour que le bois ne ballotte pas quand on l'ébranle, et pas assez pour l'empêcher de tourner librement.

Quelques petits coups de marteau ayant suffi à centrer la pièce de bois, on approche aussi près que possible le support qui doit maintenir l'outil. La mise en train est faite et l'œuvre va commencer.

On attaque d'abord le bois, quelle que soit sa nature, avec une gouge.

On la place d'aplomb sur le support et on la met en contact avec la matière à façonner, qui tourne sous l'impulsion du pied appuyé sur la pédale; elle dévore le bois avec beaucoup de rapidité, et on la tient inclinée avec les deux mains, et en attaquant le bois au-dessus de son axe; cet outil ne doit pas être présenté constamment en ligne directe devant l'ouvrier mais inclinée successivement de droite à gauche après avoir produit un sillon de la profondeur de sa lame et même un peu moins.

Pour enlever les irrégularités produites par la gouge, on emploie un ciseau ou fermoir. Cet outil se tient de même que la gouge, mais est plus difficile à mener, il termine complètement le cylindre; on s'en sert aussi pour mettre les bases du cylindre d'équerre avec son axe.

Travaux exécutés avec le tour. — Le tour occupe incontestablement le premier rang parmi les machines-outils, son usage est général dans une foule de professions et il n'existe pas d'atelier de construction qui n'ait un ou plusieurs tours, avant de posséder aucune machine-outil. Le travail des machines-outils peut, en effet, être exécuté avec précision, quoique beaucoup moins rapidement, à la main, tandis qu'il serait très difficile, pour ne pas dire impossible, de remplacer en aucune manière la précision mathématique et la rapidité d'exécution des pièces circulaires obtenues par du tour.

Employé par beaucoup de personnes, cet outil s'est perfectionné rapidement, il a subi un grand nombre de modifications importantes.

Aussi le voit-on, suivant ces divers usages, se subdiviser en outils spéciaux qui, tout en découlant du même principe, sont chacun plus ou moins particulièrement destinés à reproduire telle ou telle forme.

Sa manière d'opérer est, du reste, opposée à celle des autres machines et outils. L'ajusteur qui attaque le métal à la lime, ou l'emporte au burin, transporte le point d'application de l'effort qu'il déploie, et produit ainsi un travail proportionnel à l'effet qu'il développe et par suite à la fatigue qu'il éprouve; dans le tour, au contraire, la matière à emporter appartenant au corps mis en rotation par une force mécanique, se présente au tranchant de l'outil, et le tourneur ne dépense qu'une force minime, souvent même il place son outil sur un chariot qu'il fait mouvoir et regarde la matière s'enlever par l'action d'un moteur extérieur, auquel il peut souvent emprunter une force illimitée.

On emploie le tour à former non seulement des surfaces cylindriques, mais encore des cônes, des surfaces planes, sphériques, des polyedres de toutes formes, des hélices, etc. Il sert journellement à percer et à aléser des trous, tant cylindriques que coniques.

Outre la colonne torse ou simple boudin, une foule de moulures peuvent être adaptées au système et la colonne cylindrique creusée par l'amateur décèle quelquefois une colonne torse d'une rare élégance; la torsade elle-même peut-être creusée et présenter à l'œil des effets charmants.

L'imagination de l'amateur dans le travail du tour peut se donner libre carrière.

CHAPITRE IV.

LES CONSTRUCTIONS EN CARTONNAGE

Nous devons, dans un ouvrage élémentaire tel que celui-ci, avant d'aborder l'étude des procédés de constructions de mécanismes plus ou moins compliqués, parler des moyens de réaliser, d'une manière simple et économique, des machines dont le fonctionnement donne la reproduction des machines industrielles de toute espèce. Nous voulons parler des constructions en cartonnages, dont les imageries d'Epinal ont publié des séries très complètes et très variées, représentant des appareils et des machines en usage dans toutes sortes d'industries :

marteaux-pilons, moulins à vent, locomotives, etc. Ce genre d'ouvrages, beaucoup plus faciles à réussir que les pièces de véritable mécanique en métal, mérite de retenir un instant l'attention des jeunes gens, car ces travaux peuvent constituer un acheminement à l'exécution d'objets plus compliqués et réclamant une bien plus grande dose d'habileté. Ils familiarisent ceux qui s'y appliquent, avec l'agencement des organes mécaniques et leur permettent de faire connaissance à peu de frais avec les machines en usage dans les diverses industries. En même temps que l'on apprend à connaître le mode d'association des pièces entrant dans la composition des mécanismes, on acquiert peu à peu l'adresse manuelle indispensable pour travailler avec succès les métaux et leur donner les formes voulues.

Quel que soit l'appareil dont on veut reproduire l'aspect extérieur, il faut, si l'on tient à lui donner le mouvement, ce qui est essentiel pour rendre l'objet intéressant, il faut, disons-nous, songer en premier lieu à construire un moteur produisant le mouvement que l'on communiquera à la machine.

Il ne faut pas songer, on le conçoit, à fabriquer, dans ce but, une machine à vapeur

minuscule ou un moteur électrique en ré-
duction. Le moteur doit être en cartonnage,
de même que l'appareil qu'il doit commander, et le procédé le plus convenable à employer dans la circonstance est celui qui
consiste à demander à la pesanteur l'impulsion dont on a besoin. On aura donc recours à un moteur à sable dont nous allons
indiquer la construction avant d'aller plus
loin.

———

Construction d'un moteur à sable

Les matériaux entrant dans la composition de ce moteur sont du carton en feuilles
de 3 à 4 millimètres d'épaisseur, de la *carte*,
ou bristol bon marché, et du papier blanc.
Il faut également avoir soin de se procurer
deux grosses épingles à cheveux, puis de la
colle-forte, de la gomme arabique et des
pointes fines pour le montage des pièces.

Le moteur se compose d'un bâti suppor-
tant une trémie réceptrice, destinée à contenir la provision de sable très fin dont le
poids amènera en s'écoulant, le mouvement

d'une roue à augets placée au-dessous. Un tiroir disposé au-dessous de la roue reçoit ensuite le sable tombant de la roue; lorsqu'il est rempli on verse son contenu dans la trémie supérieure. Il y a donc quatre pièces distinctes dans l'appareil, et l'on prépare ces pièces l'une après l'autre, de la manière suivante :

Trémie et caisse. — Ces deux pièces sont découpées dans de la carte. On prend deux morceaux de 0^{m}20 carrés et on les découpe suivant les formes et les dimensions indiquées dans les figures ci-dessous. Les parties en hachures représentent les fonds, autour desquels on relève les quatre côtés que l'on joint les uns aux autres par des bandelettes de papier collées. On voit que rien n'est plus simple et plus facile. La trémie est trapézoïdale et son fond est percé d'un petit trou pratiqué avec une épingle à cheveux, trou ayant pour but de donner issue au sable. La caisse quadrangulaire est complétée par un petit anneau que l'on relie à l'une des faces étroites par une bandelette de papier ou une faveur collée à la colle forte.

Roue motrice. — On décrit au compas, sur un morceau de carte, deux circonférences de 0^{m}03 de rayon, et on les découpe

pour avoir deux cercles mesurant 6 centimètres de diamètre. Ensuite, on prend une
bandelette de carte de 1 centimètre de largeur et de 15 centimètres de long que l'on
roule autour d'un goulot de bouteille pour
en faire un cylindre de 5 centimètres de
diamètre en collant les rebords à la colle
forte. On découpe ensuite 16 petits morceaux de carte mesurant 15 millimètres de
côté et que l'on replie à angle droit sur trois

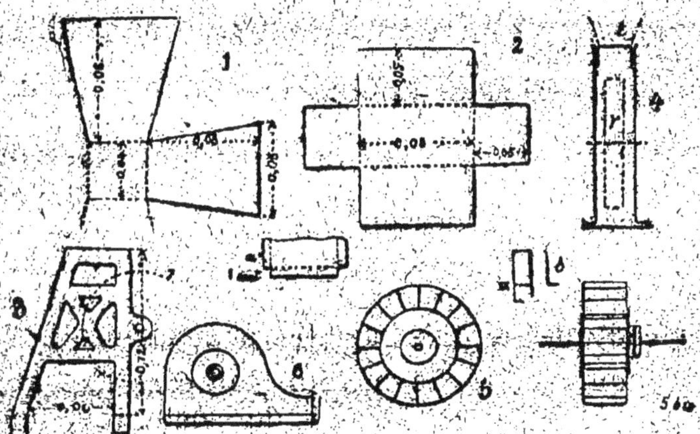

Fig. 60 à 66. — Pièces constitutives d'un petit
moteur à sable.

côtés de manière à faire trois rebords de
2 millimètres et demi. On divise au compas

le cylindre en 16 parties égales et à chaque
point de division, on colle le rebord *a* sur la
périphérie du cylindre, de manière à en
faire une espèce de roue à ailettes. L'ensemble une fois sec, les deux autres rebords, à droite et à gauche, sont enduits de
colle et on y rapporte les deux disques de
carte, de manière à avoir en définitive une
roue comportant 16 augets de 1 centimètre
de largeur et de profondeur. On met la pièce
sous presse sous des livres, de manière à
assurer la solidité du collage.

Bâti. — On découpe, non aux ciseaux
mais au tranchet, ou mieux à la *pointe* de
cartonnier, dans du carton gris, de 3 à 4 millimètres d'épaisseur, deux pièces semblables, comme formes et dimensions, à celle
du croquis ci-dessous, et mesurant 0^m12 de
haut sur 0^m08 à la base. Les extrémités des
pieds sont légèrement entaillés au canif à
1 centimètre, puis repliées à angle droit.

Montage. — Le moteur doit être fixé sur
une planchette servant de socle (ou une
feuille de carton), mesurant 0^m10 de longueur sur 7 centimètres de largeur. On fixe
les deux pièces du bâti sur ce socle à l'aide
de pointes de longueur convenable, ou
mieux en les collant à la colle forte. L'espace intérieur séparant les deux montants

est de 5 centimètres. Pour assembler ces montants, on intercale entre eux, aux deux angles supérieurs, deux bandelettes de carton, dont les extrémités sont entaillées puis repliées à angle droit, puis collées à la colle forte, comme on le voit en *b* dans la fig. 60.

Le bâti mis en place, on fixe la trémie sur la base supérieure. La roue à augets, munie de son axe formé d'une épingle à cheveux, et avec lequel elle doit faire corps, est disposée entre les deux montants du bâti, les deux extrémités de l'axe traversant les saillies ménagées dans ces montants, et qui lui servent de coussinets. L'ouverture des augets doit, une fois la roue mise en place, se trouver exactement au-dessous du trou par où s'écoule le sable. La caisse quadrangulaire est enfin placée au-dessous de la roue pour recevoir le sable après que celui-ci a travaillé dans les augets.

L'objet dont nous venons d'expliquer peut constituer un moteur suffisant pour mettre en mouvement des constructions en cartonnage, telles que l'on peut s'en procurer chez les papetiers, et qui représentent, soit un rémouleur faisant tourner sa meule, soit tout autre personnage exécutant un travail quelconque. On peut aussi donner à ce moteur une autre disposition, telle que l'on puisse le prendre pour la machine qu'il représente : en l'espèce, une roue hydraulique.

Il suffit, pour réaliser ce programme, de procéder de la manière suivante :

On prend une feuille de carte mince de 0^m30 de long et 0^m20 de large, on la divise en deux d'abord, puis à droite et à gauche de cette ligne du milieu on fait un nouveau pli, à 5 centimètres de cette ligne médiane, puis on pratique une petite ouverture rectangulaire en *a*. D'autre part, toujours dans la carte, on découpe deux morceaux de la forme et des dimensions indiquées sur la fig. 67, l'un de ces morceaux étant plein et l'autre percé de deux ouvertures quadrangulaires.

En possession de ces morceaux, on plie en trois la feuille la plus grade et l'on colle, à droite et à gauche, les deux autres fragments à cinq côtés; on obtient ainsi un solide ayant la forme d'une maisonnette, sur les parois de laquelle on dessine des fenêtres, des portes, les tuiles de la toiture, enfin enfin tous les détails rappelant l'aspect de la façade d'une maison avec étage et grenier. Avant de mettre cette construction en place sur une feuille de carton peinte en vert et représentant le sol, on colle au-

dessus du trou pratiqué dans le toit, la
cheminée, qui est faite avec la pièce
fig. 70 découpée et pliée suivant le tracé indiqué, de manière à s'appliquer exactement
au-dessus du trou et suivant la pente du
toit; les côtés venant en contact après le
pliage, sont collés à l'aide de la bandelette

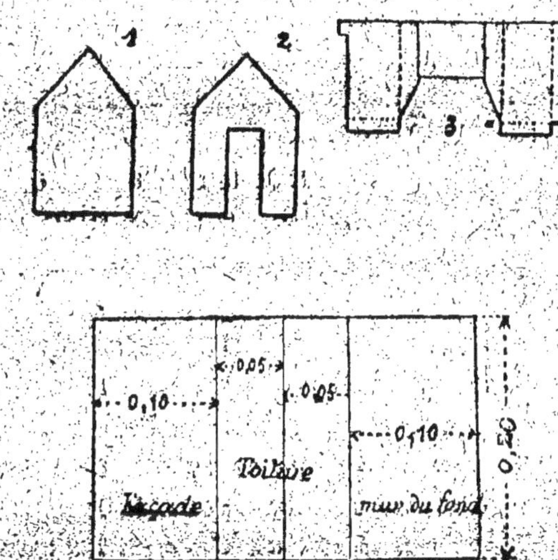

Fig. 67 à 70. — Dessin de la construction.

laissée en supplément; la cheminée est ensuite collée au toit par les plis *b b*. D'autre
part, on colle à l'intérieur de cette maison-

nette une feuille de carte, la divisant en deux parties, suivant la hauteur (comme s'il s'agissait du plancher du premier étage), en ayant soin de disposer ce plancher un peu au-dessus de la grande ouverture quadrangulaire d'un fond de la maison, et ne laisser aucun vide sur les côtés. Le haut de la maisonnette constitue donc un récipient étanche pouvant recevoir la provision de sable fin qui, en s'écoulant sur une roue, déterminera sa rotation. Ce sable sera introduit par le haut de la cheminée.

La roue motrice aura un diamètre de 8 centimètres et sera faite de deux disques de carte, réunis par une bandelette de 3 centimètres de large. Sur ce cylindre ou tambour, on collera tout autour, des aiettes taillées dans de la carte et mesurant 1 centimètre de longueur. On laisse un repli de 2 millimètres de large pour le collage sur le moyeu. Il faut 16 ailettes semblables, espacées à égale distance, et disposées suivant le rayon de la roue. On peint sur les disques six bras représentant les bras d'une roue hydraulique à palettes, et on enfile l'objet terminé sur une épingle à cheveux servant d'arbre après avoir eu soin de coller sur l'un des disques une rondelle de carton épais, à la surface de laquelle on a creusé un sillon d'un demi-millimètre de profondeur. L'arbre de la roue est soutenu à droite et à gauche par des supports faits de simples bandelettes de papier collé des deux côtés de la grande ouverture de la maisonnette, dans laquelle la roue pénètre librement et sur la moitié de son diamètre. L'arbre de couche ne tourne pas; il est fixé à demeure, et la roue tourne autour de lui comme une roue de voiture autour de son essieu.

La feuille de carton faisant effet du sol est entaillée largement, de manière à donner également un passage libre au bas de la roue. Le mieux est de prendre, pour fixer la construction représentant la maisonnette, une boîte de carton, telle qu'une boîte de pâtes alimentaires par exemple, mesurant 7 ou 8 centimètres de haut, et dans le couvercle de laquelle on pratique l'entaille voulue.

Exactement au-dessus de la roue, à quelques millimètres au-dessus de la feuille de carton intérieur formant plancher, on perce un petit trou avec une grosse épingle à cheveux, et on entoure ce trou d'un tube, ou mieux d'un petit tronc de cône fait avec de la carte que l'on roule entre ses doigts comme on ferait d'une cigarette et dont on colle ensuite les bords en regard. Ce tube mesure 4 centimètres de longueur environ.

Le fonctionnement de ce dispositif se conçoit facilement. On remplit de sable fin, bien sec (grès écrasé), le haut de la maisonnette, la cheminée servant de conduit; ce sable passant par le trou et le tuyau, vient tomber sur les palettes de la roue qui se met à tourner par l'effet du poids du sable sur ses ailettes. Le mouvement produit est transmis à l'objet à mouvoir par un simple fil jouant le rôle de courroie de transmission, et qui passe dans le sillon creusé à la périphérie de la rondelle accolée à la roue. Le mouvement de la roue à sable se continue tant qu'il s'écoule du grès par le tuyau; lorsque le magasin est vide, on le remplit avec le sable qui s'est amassé dans la boîte servant de socle support.

Il ne suffit pas de posséder un moteur : il faut que celui-ci ait quelque chose à actionner, et on peut établir sur les mêmes données différents objets représentant des machines industrielles diverses. Voici, par exemple, le moyen de fabriquer en cartonnage un ventilateur centrifuge et un dynamo.

On dessine en premier lieu les deux *flasques* ou côtés du ventilateur. Ce sont des disques angulaires, se terminant par une partie tronconique ou *buse*, et qui sont réunis

par une bandelette de même nature que les
flasques, c'est-à-dire en carte mince, bandelette qui est collée sur toute la périphérie des
disques et de leur appendice tronconique.
Avant de coller la deuxième flasque, il faut
mettre en place dans l'intérieur du ventilateur, l'organe tournant, qui sera une roue
formée d'un moyen sur lequel sont collées
huit palettes en carte, que l'on incurve légèrement en les cintrant entre les doigts. Cette
roue enfilée sur un arbre fait d'une grosse
épingle à cheveux avec laquelle elle fait
corps. Cet arbre passe à travers le vide central de chaque flasque et est supporté par
des *chaises*, en carton épais, disposées de
chaque côté et à quelques milimètres des
flasques. Un sillon ménagé dans le carton
sert de logement à l'épingle et les coussinets
sont constitués par une simple bandelette de
papier collée et passant par dessus cette
épingle.

Une des extrémités de l'arbre est munie
d'une rondelle de carton de 5 à 6 millimètres
de diamètre, faisant corps avec cet arbre et
la roue à ailettes; cette rondelle sert de poulie de transmission et reçoit le fil sans fin
venant de la poulie du moteur.

La buse du ventilateur étant rectangulaire,
on lui ajoute un petit tube de carte, de 1 ou

2 centimètres de longueur, sur lequel on peut emmancher un tuyau.

Lorsque la roue à sable tourne, elle transmet par le fil son mouvement de rotation à la poulie du ventilateur; la roue à ailettes tourne avec une vitesse en rapport avec le diamètre respectif des deux poulies de transmission, et il s'échappe un courant d'air sensible à la main, par la buse du ventilateur. Si la poulie du moteur a 6 centimètres de diamètre et celle du ventilateur 6 millimètres, le rapport sera de 1 à 10 et si la roue à sable fait 3 tours à la seconde, la roue du ventilateur en fera 30 dans le même temps.

Au lieu d'un ventilateur, et en employant toujours les mêmes méthodes, on peut construire une petite dynamo, qui ne donnera, bien entendu, aucun courant, puisqu'il ne s'agit ici que d'une apparence. On fabriquera donc, d'une part, la partie fixe, le bâti de la machine électrique, et d'autre part, l'organe mobile appelé *induit*, avec son collecteur et sa poulie de commande. Si l'on veut représenter un modèle de construction moderne, on adoptera la forme dite *blindée*, qui est assez simple à reproduire. On prend comme d'habitude de la carte, on débite une bandelette de 5 centimètres de large sur 12 de long que l'on plie en trois, en ménageant aux deux bouts un rebord de quelques millimètres pour le collage sur un support horizontal fait d'une feuille de carton.

La bandelette pliée à angles droits donne les deux côtés et le dessus de la dynamo; il reste à lui ajouter les deux faces, qui seront faites avec deux petits cadres rectangulaires collés aux trois côtés représentant le bâti. La partie fixe est ensuite terminée par les paliers de support, qui seront taillés dans du carton épais et collés, l'un assez près du cadre, l'autre à 4 ou 5 centimètres de distance.

Il s'agit maintenant de préparer la partie tournante. L'axe sera fait, comme précédemment, avec une grosse épingle à cheveux traversant, d'abord une poulie faite d'une rondelle constituée par trois ou quatre épaisseurs de carton juxtaposées et collées, ensuite de la pièce représentant l'induit et préparée de la même manière avec trois rondelles écartées et recouvertes d'un cylindre ou tuyau de carte, collé sur leur périphérie. A la suite de ce cylindre, vient une partie de moindre diamètre, constituée de la même manière et représentant le collecteur sur lequel frottent des balais fixes ayant pour carcasse une épingle à cheveux repliée en trois et fixée au support en carton de droite.

La pièce mobile est supportée en deux points par les dés de carton correspondant aux paliers de la dynamo; l'induit est à l'intérieur du bâti fixe. On peut lui communiquer un mouvement de rotation par le moyen d'un fil sans fin, comme dans l'exemple du ventilateur indiqué plus haut.

Voici encore, pour terminer sur ce sujet, des constructions mécaniques en cartonnage, le moyen d'établir un petit atelier de bocardage (marteaux écraseurs) fonctionnant avec le moteur à sable dont la construction a été expliquée.

Le bocardage peut être effectué par quatre pilons ou marteaux, soulevés l'un après l'autre par les dents d'une roue à cames actionnée par le moteur. Le mécanisme comporte donc essentiellement trois pièces principales : les marteaux, la roue et le bâti.

Les marteaux, au nombre de quatre, seront composés d'une tige en bois, que l'on taillera dans des allumettes soufrées mesurant 10 centimètres de longueur. La tête de ces marteaux sera prise dans de vieux bouchons de liège, auxquels on donnera une forme cubique et que l'on peindra ensuite en noir, de même que la tige. Les quatre marteaux une fois fabriqués, de manière à ce qu'ils soient tous identiques, on fera un trou dans la tige à un centimètre de l'extrémité opposée à la masse et on introduira dans ce trou une grosse épingle à cheveux devant servir de pivot. Le trou assez grand pour que le marteau puisse osciller librement autour de cet axe.

Cela fait, on passera à la fabrication de la roue de commande. Celle-ci sera faite d'un axe central constitué toujours par une grosse épingle ou un fil de fer bien droit, et sur lequel on a enfilé à distance égale quatre rondelles de carton faisant corps avec l'axe, et recouvertes d'un tube en carte autour de ces rondelles. On a ainsi un cylindre sur lequel on implante les dents faisant office de cames.

Le cylindre mesurant par exemple 10 centimètres de longueur, il sera bon de le munir intérieurement de quatre rondelles de carton de 3 centimètres de diamètre espacées l'une de l'autre de 2 centimètres. Avec une vrille, on pratique un petit trou dans chacune de ces rondelles, dans le sens du rayon et on enfonce dans ces trous un bout d'allumette dépassant de 5 à 6 millimètres la surface du rouleau. Ces espèces de chevilles ne doivent pas se trouver en ligne droite le long du cylindre, mais bien à angle droit l'une de l'autre. C'est-à-dire que, regardant le cylindre par bout, la cheville de la première rondelle sera verticale, celle de la deuxième horizontale, à droite, celle de la troisième, en dessous, et diamétralement opposée à la première, et celle de la quatrième rondelle, horizontale, à gauche et à l'opposé de la deuxième. Enfin l'axe porte encore à l'une de ses extrémités une rondelle avec sillon extérieure pour la transmission.

On prépare encore une auge quadrangulaire en carton pour recevoir le minerai que les marteaux seront censés broyer par l'effet de leurs chocs répétés, puis on agence le bâti ou support de l'axe de la roue et de l'axe des marteaux. Ce bâti sera composé de deux rectangles en carton épais, évidés de manière à leur donner l'apparence d'un cadre en fonte. Les deux rectangles sont disposés parallèlement à la distance voulue pour supporter les extrémités des deux arbres en fer de la roue et des marteaux. Des bandelettes de papier collées par dessus tiennent lieu de chapeaux de coussinets.

La distance entre les deux axes doit être telle que les dents de la roue n'empiètent que de 2 millimètres au plus sur la queue de chaque marteau à mouvoir. La pression doit s'opérer de haut en bas, de telle manière que la dent fait baisser la queue du marteau dont la masse, située à l'opposé du bras de levier le plus long se soulève, jusqu'à ce que, la dent continuant son mouvement, la queue échappe à son contact et que la masse retombe dans l'auge. Chacun des marteaux n'est soulevé qu'une fois par tour de roue, mais à chaque quart de tour de celle-ci un marteau est soulevé.

Le fonctionnement de cette machine est aisé à comprendre. Si l'on met en relation par un fil sans fin la poulie dont elle est munie avec la poulie de la roue à sable, la roue à cames se met à tourner et les cames appuient chacun leur tour sur la queue du marteau qui oscille autour de son pivot. Le mouvement doit s'opérer de façon que la roue à cames tourne de la droite vers la gauche, dans le sens indiqué par la flèche. Si la position de la roue de commande ne s'y prêtait pas, il suffirait de croiser le fil servant de courroie de transmission pour que la rotation s'opérât dans le sens voulu.

Nous arrêterons ici ces exemples de constructions mécaniques à l'aide de matériaux à bon marché. Ce genre de travaux peut constituer une utile préparation à l'exécution de pièces plus compliquées et de réalisation plus difficile. En travaillant les cartonnages, on reconnaît l'utilité de la géométrie et du calcul, pour reproduire les pièces;

on se fait la main et on commence à acqué-
rir l'habileté manuelle indispensable à la
réussite de toute entreprise de ce genre. Nous
donnerons maintenant, dans les chapitres
composant le deuxième volume, des indications relatives sur les véritables constructions mécaniques constituant non plus des
apparences et des reproductions, mais des
appareils de démonstration dont la marche
peut-être aussi parfaite que celle des appareils industriels qu'ils représentent.

FIN DU TOME PREMIER

TABLE DES CHAPITRES

Grande Imprimerie de Troyes, 126, rue Thiers

EXTRAIT DU CATALOGUE

ROMANS DIVERS

	71	Stephen Lemonnier. — A travers le Bonheur	1 v.
	78	Vincent Huet. — La Vierge des Beni-Amer.	1 v.
79	80	M. Audouin. — Le Fiacre sanglant.........	2 v.
81	82	Millanvoye et Etiévant. — La belle Espionne	2 v.
83	84	H. Le Verdier. — La Faute d'Aimée........	2 v.
	85	Paul Vernier. — Stepann le Nihiliste......	1 v.
86	87	— La Vengeance du Bâtard..	2 v.
	88	H. Buffenoir. — Le député Conquerolle....	1 v.
89	90	G. Dujarric et B. Guyot. — Amours de Prince	2 v.
91	92	Louis de Vaultier. — M'amour	2 v.
	93	H. Le Verdier. — L'Enjôleuse.............	1 v.
94	95	Th. Cahu. — Le Roman d'une grande dame	2 v.
96	97	— La Maîtresse du notaire......	2 v.
98	99	— Madame et Monsieur.........	2 v.
100	101	D. Riche. — L'article 340.................	2 v.
	102	Joseph Montet. — L'amour tragique.......	1 v.
	103	H. Buffenoir. — Le Roman de sœur Marie..	1 v.
	104	G. Cane. — Le crime de Clamart...........	1 v.
105	106	L. Lafargue. — Luttes d'amour...........	2 v.
107	108	E. Ducret. — Chignon d'or...............	2 v.
	109	P. Grendel. — Le Roman d'une fille du peuple	1 v.
	110	— Le Roman d'une libre-penseuse	1 v.
111	112	A. Dubuc. — Le Crime du cours St-Vincent	2 v.
	115	A. et S. Lemonnier. — Une Mère d'actrice.	1 v.
116	117	Vincent Huet. — Les Bandits algériens....	2 v.
118	119	Théodore Cahu. — Une Duchesse amoureuse	2 v.
	120	Ch. Bérard. — Mariage de l'Abbé Violette.	1 v.
	121	André Valdès. — La Vengeance de Lélia...	1 v.
	122	P. Grendel. — Ma mie Georgette...........	1 v.

Vincent Huet. — *Aux Chasseurs d'Afrique :*

123	Pepita..................	1 v.
124	La Patriote d'amour........	1 v.
125	— Un Fakir Arabe.............	1 v.
126	P. Grendel — Le Journal d'une Jeune Fille.	1 v.
127	Etiévant. — Martyre du Cœur.............	1 v.

A. Baratier. — *Le Trésor de Barbiche :*

128	Devant l'Ennemi....................	1 v.
129	Tragique Idylle....................	1 v.
130	L'Or Allemand....................	1 v.

Chez tous les libraires : 0 fr. 20 — Franco-poste : 0 fr. 25

EXTRAIT DU CATALOGUE

MANUELS UTILES

Chez tous les libraires : 0 fr. 20 — Franco-poste : 0 fr. 25

HAUTE NOUVEAUTÉ !

ACCORDÉONS avec voix en acier incassables !

Au prix exceptionnel de 5 fr. 40, nous expédions, contre remboursement, notre superbe accordéon à 1 chœur, avec 10 touches, 2 registres, 2 basses, 10 voix extra-fortes, avec double soufflet; inscrits en garantie incassables et brevetés, pour les touches et les basses, clavier ouvert d'un coup d'œil. Accordéons à 2 chœurs, 7 fr. 50; à 3 chœurs, 9 fr. 50; à 6 chœurs, 30 fr.; à 2 chœurs avec 21 touches et 4 basses, 12 fr. 50. Avec planche de musique en plus; et avec appareil de trémolo italien, produisant un son d'orgue, 0 fr. 50 en plus. Accordéons à 4 chœurs, mais avec voix en acier, 4 fr. 50 en plus; à 3 chœurs, 2 fr. 50 en plus; à 4 chœurs et à 2 rangs de 21 touches, 5 fr. en plus; à 4 chœurs, 5 fr. en plus.

Essayez nos voix en acier qui sont les meilleures et produisent la musique la plus forte et la plus harmonieuse.

Méthode française gratis. Frais de transport, 1 fr. 25. Nouveau catalogue gratis et franco. Port de lettre, 25 centimes.

CITHARE — GUITARE

Instrument permeilleox, avec 41 cordes et 6 accords, s'apprend de suite, on peut jouer tous les airs, même sans connaître la musique, ne coûte que 10 fr. Le même instrument, mais avec 5 accords et 48 cordes, ne coûte que 12 fr. 50. Port 1 fr. 25. Emballage et méthode française GRATIS. 15 feuilles de musique à glisser sous les cordes, d'une valeur de 2 fr. 50, sont livrées gratuitement avec chaque cithare. Catalogue gratis et franco. Affranchir les lettres à 25 fr. 25.

Innombrables Références

S'adresser directement à

HERFELD & Cie
NEUENRADE, No 28 (Allemagne)